国家科技重大专项“涪陵页岩气开发示范工程”（编号：2016ZX05060）项目成果

页岩气开发经济性评价与经济社会环境影响研究

——以重庆页岩气开发为例

Research on Economic Analysis and Economic，Social and Environmental Impact Assessment of Shale Gas Development

—A Case Study of Shale Gas Development of Chongqing

马忠玉 温志超 著

中国环境出版集团·北京

图书在版编目（CIP）数据

页岩气开发经济性评价与经济社会环境影响研究：以重庆页岩气开发为例/马忠玉，温志超著. —北京：中国环境出版集团，2018.12

ISBN 978-7-5111-3889-7

Ⅰ. ①页… Ⅱ. ①马…②温… Ⅲ. ①油页岩资源—油气田开发—影响—研究—重庆 Ⅳ. ①P618.130.8

中国版本图书馆 CIP 数据核字（2018）第 300424 号

出 版 人　武德凯
责任编辑　董蓓蓓
责任校对　任　丽
封面设计　宋　瑞

出版发行　中国环境出版集团
（100062　北京市东城区广渠门内大街 16 号）
网　　址：http：//www.cesp.com.cn
电子邮箱：bjgl@cesp.com.cn
联系电话：010-67112765（编辑管理部）
发行热线：010-67125803，010-67113405（传真）
印　　刷　北京中科印刷有限公司
经　　销　各地新华书店
版　　次　2018 年 12 月第 1 版
印　　次　2018 年 12 月第 1 次印刷
开　　本　787×1092　1/16
印　　张　13.5
字　　数　232 千字
定　　价　89.00 元

前　言

我国页岩气资源潜力巨大，开发利用潜力巨大的页岩气资源已经成为提高我国天然气供应能力、保障能源安全、改善能源结构和促进经济社会发展的重要举措。我国高度重视页岩气的开发，制定了页岩气产业发展规划，出台了促进页岩气开发的相关政策，设立了重庆涪陵和四川长宁—威远等 4 个国家级页岩气开发示范区，积极推进我国页岩气资源的开发利用。

一方面，与常规油气资源开发相比，页岩气开发是高投资、高风险和长周期的系统工程项目，经济性是制约页岩气等非常规油气开发的瓶颈。2011 年和 2013 年国土资源部组织了两轮页岩气勘探权招标，因招标区块资源品位不高，加之国际油气价格下跌，勘探开发经济性不明朗，以致招标实施效果不理想。受前两轮招标进展不及预期的影响，第三轮页岩气开发勘探权招标一再推迟。此外，2015 年财政部和国家能源局决定根据产业发展、技术进步和成本变化等因素逐步降低页岩气开发利用补贴标准。业内普遍认为此举主要是因为重庆页岩气开发某区块单井产量较高、预期页岩气开发经济性较好。重庆页岩气开发区块的经济性究竟如何？是否具有较强的代表性？当前国内页岩气开发经济性研究较少，由于缺乏相应的调研，使得研究不够深入。国内部分学者以美国页岩气开发数据进行了页岩气开发经济性分析。然而由于页岩气资源的特殊性，以及中美页岩气开发条件等不同，中美页岩气开发经济性差异较大。因此，有必要结合我国具体实践对页岩气开发经济性进行评价，评估页岩气开发经济性，优化企业投资决策，为政府制订页岩气资源税费和补贴等相关政策提供参考，并为我国其他页岩气开发地区经济性评估提供参考和借鉴。

另一方面，国家《页岩气发展规划（2016—2020 年）》提出，到 2020 年我国将力争实现页岩气产量 300 亿 m^3，到 2030 年实现页岩气产量 800 亿~1 000 亿 m^3。同时《重庆市页岩气产业发展规划（2015—2020 年）》提出，到 2020 年建成产能 300 亿 m^3/a，实现页岩气产量 200 亿 m^3。随着我国尤其是重庆页岩气的大规模开发利用，页岩气开发将对我国和重庆经济社会环境产生怎样的影响？以及如何运用经济学的方法给予科学定量评估？目前没有得到充分的重视，国内也缺乏相关研究。美国已开展了较多的页岩气开发对全国和地区经济社会环境影响的定量研究，而目前我国对于页岩气开发对我国和地区经济社会环境影响的研究多限于定性的描述，缺少定量分析，从而难以为我国和当地政府在制定相关政策上提供科学的量化支撑。因此，深入研究页岩气大规模开发带来的经济社会环境影响、正确评估页岩气开发对经济社会环境的成本效益，显得尤为重要。

综上所述，本书以重庆页岩气开发为案例，研究页岩气开发的两方面重要问题：一是页岩气开发的经济性问题；二是页岩气开发后对经济社会环境的综合影响问题。同时这两个方面又相辅相成，页岩气开发的经济性分析是进行页岩气开发对经济社会环境影响研究的基础；页岩气开发对经济社会环境影响是页岩气开发经济性的延伸。从层次范围来看，本书研究范围包括页岩气开发项目层面、页岩气开发对地区综合影响区域层面和页岩气开发对全国综合影响国家层面，即小、中、大三个层面。

面对新形势和新任务，需要深入开展页岩气开发经济性评估和页岩气开发对经济社会环境的综合影响研究，探索与我国页岩气开发经济性相适应的评价体系，加快重庆和我国页岩气产业发展的相关政策建议，为促进我国页岩气发展提供政策参考。本书共分为9章，具体内容如下：

第1章：绪论。介绍了本书的研究背景，国内外关于页岩气开发经济性、页岩气开发对地区经济社会影响、页岩气开发对地区环境影响的研究进展，确定研究对象，明确研究目标、意义、方法、总体思路。

第2章：理论基础。阐述分析了经济评价分析理论、投入产出理论、环境价值评估理论、外部性理论等理论，为下一步开展研究奠定理论基础。

第3章：我国页岩气开发现状与存在问题分析。分析了我国页岩气资源分布与开发潜力、页岩气的勘探开发进展、当前我国页岩气勘探开发面临的问题。

第4章：页岩气开发项目经济性评价研究。探索建立与重庆页岩气开发区块项目相适应的经济性评价体系，分析页岩气开发项目的经济性及其影响因素，并对开发项目敏感性和盈亏点进行分析。

第5章：页岩气开发对涪陵经济社会环境影响研究。阐述了涪陵页岩气资源潜力与勘探开发进展；初步分析了页岩气开发对涪陵经济社会的影响；分析了页岩气开发对涪陵产生的环境影响，以及中石化重庆涪陵页岩气勘探开发有限公司针对涪陵页岩气开发可能产生的环境影响和环境风险采取的环境保护措施及存在的问题；最后进行了涪陵页岩气开发的环境成本效益研究。

第6章：页岩气开发对重庆经济社会环境影响研究。阐述了重庆页岩气资源潜力与勘探开发进展；测算了页岩气开发对重庆经济社会产生的影响，并分析了重庆页岩气产业的关联效应和波及效应；定量分析了重庆页岩气产业“十三五”规划实施将给重庆带来的环境影响。

第7章：页岩气开发对我国经济社会环境综合影响研究。测算了我国页岩气开发潜力；在页岩气开发潜力的基础上，定性和定量分析了页岩气开发对我国经济社会影响，并定量分析了页岩气开发对我国环境的影响；最后，提出在全国规模化开发页岩气之前应采取的差异化页岩气开发和管理措施。

第 8 章：美国页岩气开发经济性与经济社会综合影响。阐述了美国页岩气资源潜力与勘探开发进展；比较分析了我国与美国页岩气开发主要经济性参数的差异，并分析了影响中美页岩气开发经济性的主要因素；定量和定性分析了页岩气开发对美国经济社会的影响。

第 9 章：主要结论与政策建议。归纳主要研究结论，提出提高页岩气开发经济性的相关政策建议；针对页岩气开发中可能存在的环境风险和环境污染，提出加强相关监管的建议；提出加快推进重庆和我国页岩气产业发展的政策建议；归纳创新点和需进一步研究的问题。

本书在编写过程中得到了国家发改委宏观经济研究院经济体制与管理研究所循环经济研究室副主任谢海燕副研究员、国家信息中心经济预测部政策仿真研究室副主任李继峰副研究员、国家信息中心经济预测部政策仿真研究室肖宏伟副研究员的帮助，在此表示衷心感谢！

同时中国人民大学环境学院的张象枢教授、马中教授、邹骥教授、沈大军教授、曾贤刚教授、宋国君教授、张光明教授、李岩教授、王克副教授和中国科学院地理科学与资源研究所的王景升副研究员等在本书编著过程中给出了中肯建议，一并表示感谢！

作者在学习研究、资料收集、调研过程中得到了中石化重庆涪陵页岩气勘探开发有限公司的胡德高总经理、马莉副经理，中石化江汉石油管理局信息中心肖中华主任，中石化重庆涪陵页岩气勘探开发有限公司技术中心王振兴主任和廖如刚副主任等的帮助，他们在课题组到重庆涪陵页岩气调研期间，提供了较为翔实的资料和数据，为本书的研究奠定了坚实的基础。另外，本书引用了大量的国内外页岩气方面的研究成果和文献，由于资料众多，难以一一列出，在此一并致谢！

本书得到国家科技重大专项“涪陵页岩气开发示范工程”（编号：2016ZX05060）以及重庆市科学技术协会、重庆市科学技术委员会2017年度调研课题“重庆市页岩气上下游产业增长潜力及效益研究”（编号：2017KXKT05）的支持，在此表示感谢！

随着研究的深入，我们发现页岩气开发经济性评估存在诸多不确定性因素，页岩气开发对经济社会影响的方法与模型还需进一步改进，一些问题还有待进一步研究。本书是作者从事页岩气学习和研究过程中的一个初步成果，加之作者研究水平所限，书中难免有不当和错漏之处，敬请读者批评指正。

作者

2018年9月

/ 目　录 /

图索引

表索引

第1章 绪 论

1.1 研究背景

1.1.1 天然气是未来我国能源战略体系的主体能源之一

2014 年 6 月，我国提出“能源生产和消费革命”战略，总体目标是通过一系列革命性的举措，即四项“革命”和一项“合作”，力争实现能源生产和消费方式向低碳化和绿色化转变。“能源生产和消费革命”战略其中一个重要方面就是大幅增强能源绿色开发和清洁转化水平，大规模提高天然气开发利用量，提出 2030 年天然气消费占比达到 15%左右。

天然气是优质、高效、绿色、清洁的低碳能源。英国、美国等发达国家在解决大气污染问题过程中都将大规模利用天然气作为主要突破口。天然气节能减排效果显著，提升天然气利用规模是实现大气污染治理和温室气体减排的核心手段。与石油和煤炭燃烧相比，单位热值排放的二氧化碳，天然气比石油少 1/3、比煤炭少 1/2，而且几乎不产生二氧化硫和烟尘等颗粒物（冯为为，2017）。在发电领域，按照相同的供电量和供热量，燃气电厂相比超低排放的燃煤电厂，减排二氧化硫近 100%、减排氮氧化物 55%、减排烟尘 96%（刘小丽等，2016）。

2016 年年底我国发布了《能源生产和消费革命战略（2016—2030 年）》（以下简称《能源战略》）。根据《能源战略》的发展要求，加快推进天然气发展，提高天然气在一次能源消费中的比重，把天然气逐步发展成为我国的主体能源之一（国家发展改革委和国家能源局，2016）。2017 年 8 月由国家能源局石油天然气司、国务院发展研究中心和国土资源部油气资源战略研究中心等单位发布的《中国天然气发展报告（2017）》指出要逐步把天然气培育成为我国的主体能源之一。在我国能源低碳绿色转型过程中，天然气承担着重要的责任，天然气不能仅定位为“过渡”能源或“桥梁”能源，更应定位为未来我国的主体能源之一。

1.1.2　我国天然气进口逐年升高，对外依存度增大，安全形势严峻

近年来，随着我国经济快速发展，能源需求量不断增加，作为清洁能源的天然气，其消费量不断攀升，国内天然气需求的增长速度已经远超煤炭和石油消费的增长速度。

2006 年我国开始进口液化天然气，2009 年我国开始进口管道天然气。自进口天然气以来，天然气进口量逐年攀升。2006 年我国进口天然气 9.5 亿 m^3，2016 年进口天然气 721 亿 m^3，其中进口管道气 383 亿 m^3、进口液化天然气 338 亿 m^3。2006—2016 年，我国天然气进口量增加了 74.9 倍，对外依存度逐年上升。2016 年我国天然气对外依存度已达到 35.03%。2006—2016 年我国天然气进口对外依存度见图 1-1。

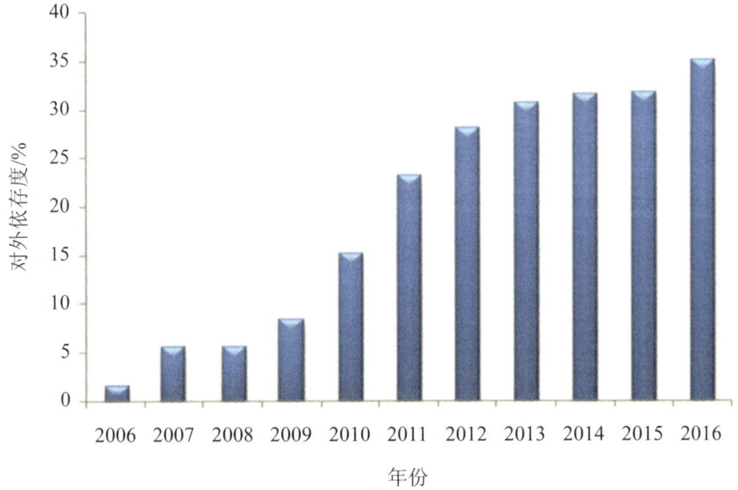

图 1-1　2006—2016 年我国天然气进口对外依存度

数据来源：①2007—2016 年的《中国能源统计年鉴》。

②2016 年数据来源于国家统计局。

与此同时，我国天然气消费规模持续增长。自 2014 年和 2015 年开始的天然气消费增长减速势头得到逆转，2016 年天然气消费重新回到快速发展轨道。2016 年我国天然气消费量为 2 058 亿 m^3，超过 2015 年增速的 5.6%，同比增长 6.6%。2007—2016 年我国天然气消费量和消费增速见图 1-2。

总体来看，国内天然气消费仍然呈上升趋势，对外依存度仍将逐步提高。

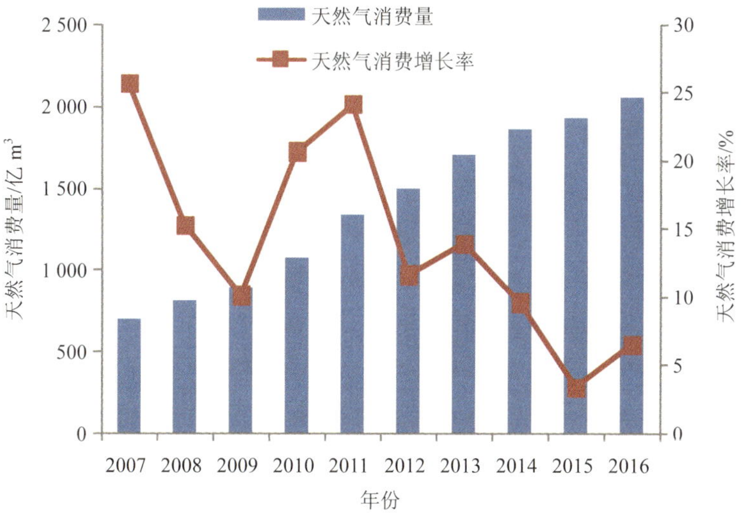

图 1-2　2007—2016 年我国天然气消费量和消费增速

数据来源：①2008—2016 年的《中国能源统计年鉴》。

②2016 年数据来源于国家统计局。

1.1.3　我国页岩气储量极其丰富，开发页岩气具有重要战略意义

全球页岩气资源丰富，根据美国能源信息署（EIA）的评估，世界页岩气资源技术可开发量为 204.4 万亿 m^3，我国页岩气资源技术可开发量为 31.6 万亿 m^3，居世界第一。随着美国“页岩气革命”的成功，页岩气已成为全球资源开发的新热点。面对较快增长的天然气消费需求和日益增长的对外依存度，开发潜力巨大的页岩气资源，是我国的战略选择。

我国页岩气资源潜力大，分布面积广、开发前景广阔。国土资源部于 2012

年和 2015 年对我国页岩气资源进行了评价，评价结果显示，我国页岩气技术可采资源量分别为 25.08 万亿 m^3 和 21.8 万亿 m^3。页岩气主要分布在上扬子及滇黔桂区、华北及东北区、中下扬子及东南区和西北区（国土资源部，2012）。我国分地区页岩气资源情况见图 1-3。

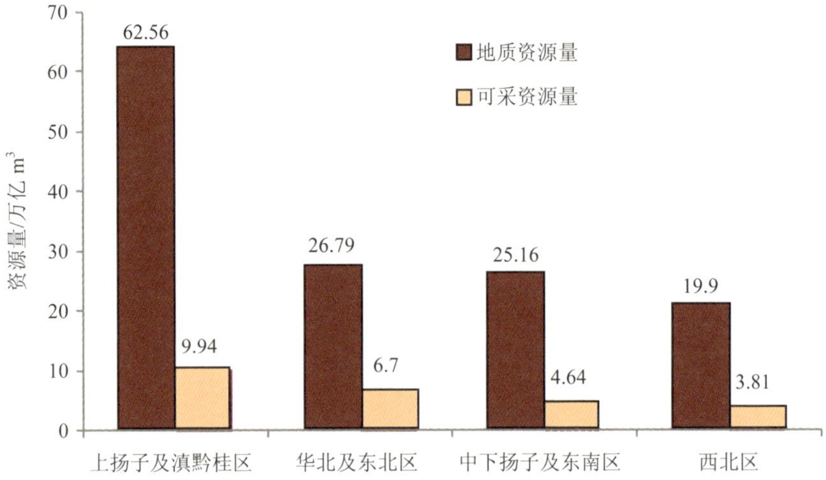

图 1-3 我国分地区页岩气资源情况

数据来源：根据国土资源部 2012 年《中国陆域页岩气资源潜力评价初步成果》整理。

2016 年我国页岩气产量 79 亿 m^3，同比增长 72%，页岩气开发已成为我国天然气发展的重要领域。页岩气开发对于我国提高天然气自给率、增强能源安全保障、优化能源消费结构、提高能源使用效率、促进节能减排、防治大气污染、提高能源谈判话语权等都具有重大战略意义。

1.1.4 页岩气开发经济性分析可为企业投资决策和政府扶持政策提供科学合理依据

页岩气开发是高投资、高风险和长周期的系统工程项目，与常规油气资源开发相比，经济性是制约页岩气等非常规油气开发的瓶颈。当前我国页岩气资源探明程度低，页岩气经济可采资源量还未完全落实，“甜点区”分布还未完全掌握；页岩气地质地表条件复杂，多岩相页岩气均有发育（海相页岩气、陆相页岩气和海陆相过渡页岩气），多成因类型（热成因和生物成因等），页岩气储层改造复杂等；3 500 m 以浅局部海相页岩开发技术初步掌握，3 500 m 以深海相页岩、陆相页岩和海陆相过渡页岩的资源地质勘探理论和资源开发技术体系尚未完全建立，部分核心技术和装备还有待改进；页岩气单井开发成本较高；页岩气产量递减快，页岩气井的产能递减规律还未掌握清楚；页岩气产量具有不确定性，部分页岩气井开发一年产量递减一半以上；页岩气单井产气周期较长，一般情况下可以产气15～30 年。以上种种都对我国页岩气开发的经济性带来挑战，增加了页岩气开发的不确定性和风险。

通过调研国内外关于页岩气开发经济性研究现状，发现国外研究比较充分，特别是美国已开展了较多的页岩气开发经济性研究，而国内页岩气开发经济性研究较少，部分研究由于缺乏相应的调研，使研究不够深入。我国页岩气成功商业化开发较晚，页岩气开发还处于起步和示范阶段，国内部分学者在页岩气开发之初，分析了四川盆地页岩气开发经济性，但从页岩气开发之初到现在，页岩气开发各项成本数据发生了较大变化，加之之前对页岩气井的递减规律尚不完全清楚，使相关测算可能存在一定的偏差。我国部分学者以美国页岩气开发数据为准进行了分析，但由于中美页岩气资源条件和开发条件等不同，中美页岩气开发经济性差异较大。因此，有必要结合我国具体实践对页岩气开发经济性进行评价，为企业开发页岩气资源提供经济评价的重要参数，优化企业投资决策，同时也为政府制定页岩气资源税费和补贴政策提供参考。

1.1.5 随着我国页岩气大规模开发利用，定量评估页岩气开发带来的经济社会环境综合影响越来越重要

根据国家《页岩气发展规划（2016—2020 年）》和《重庆市页岩气产业发展规划（2015—2020 年）》页岩气产量目标可知，我国初步具备了大规模商业性开发页岩气的条件。随着我国页岩气大规模开发利用，深入研究页岩气开发利用带来的经济社会环境影响，显得尤为重要。随着我国和重庆页岩气的大规模开发利用，页岩气开发将对我国和重庆经济社会环境产生怎样的影响？以及如何运用经济学的方法给予科学定量评估？这些问题目前没有得到充分的重视，国内也缺乏相关的研究。

一方面，页岩气开发对当地的经济社会带来巨大效益，主要包括经济的增长、政府税收的提高以及就业岗位的增加等。目前，国内对于页岩气开发对地区经济社会的研究多限于定性描述，缺少定量分析，从而难以为当地政府和国家在制定页岩气开发相关政策上提供科学的量化支撑。

另一方面，页岩气开发的环境污染和潜在环境风险是制约页岩气产业发展的重要因素之一。在页岩气生产过程中面临水资源消耗与污染、温室气体排放和生态环境破坏等诸多环境问题，这些问题已成为页岩气发展面临的严峻挑战。

因此，深入研究页岩气大规模开发带来的经济社会环境影响，显得尤为重要。

1.1.6 我国页岩气开发商业化取得成功，重庆涪陵页岩气开发是目前最成功的案例

重庆页岩气开发已成功商业化，选取其作为典型案例进行研究，对全国页岩气开发具有重要参考和借鉴意义。作为我国 4 个国家级页岩气示范区之一的重庆涪陵页岩气示范区，其页岩气开发在 2013 年成功实现商业化，2015 年全年产能达到 50 亿 m^3，全年产量达到 32 亿 m^3。截至 2017 年 6 月底，气田累计开钻 370 口、投产 254 口；累计建成产能 76.04 亿 m^3，生产页岩气 124.75 亿 m^3，销售突破 119.76 亿 m^3，日销售 1 640 万 m^3。

重庆涪陵页岩气开发一系列核心技术与关键装备在页岩气开发区块中取得了突破，区块的某些单井产量已超过美国水平。因此，以重庆页岩气开发项目为案例，进行页岩气开发项目的经济性分析研究，以及研究页岩气开发对重庆经济社会环境综合影响具有重要意义，而且对于我国其他页岩气开发区也具有重要的参考和借鉴意义。

1.2 研究进展

1.2.1 关于页岩气开发经济性评价研究进展

与常规油气资源开发相比，页岩气开发具有资源埋藏深、技术装备水平有待提高、开发成本高、页岩气产量递减快和最终产量不易确定等特点，使得页岩气

资源开发风险大。因此，国内外学者对页岩气开发项目的经济性进行了分析（陈广仁等，2013；高世葵等，2014；Yuan 等，2015；Xia 等，2015；徐博等，2016；Hefley 等，2011；Bonakdarpour 等，2011；Wilson 和 Durlofsky，2012）。对页岩气开发项目进行经济性分析，一方面可以为企业投资决策提供科学合理的依据，另一方面可以为政府制定页岩气资源税费和补贴政策提供参考。

通过调研国内外关于页岩气开发经济性研究现状发现，国外研究比较充分，特别是美国已开展了较多的页岩气开发经济性研究，而国内页岩气开发经济性研究较少，部分研究由于缺乏相应的调研，使得研究不够深入。国内部分学者以美国页岩气开发数据为准进行了页岩气开发经济性分析。然而由于页岩气资源的特殊性，以及中美页岩气开发条件等不同，中美页岩气开发经济性差异较大。

蒋红兰（2013）对页岩气开发成本进行分析与研究，结合现代边际机会成本理论，定性分析了页岩气开发边际生产成本、边际使用成本和边际外部成本。薄盛远（2014）针对页岩气在开发过程中的前期投入成本和造成环境污染的治理成本，定性分析了我国页岩气开发的经济效益。孔令峰等（2015）对蜀南地区长宁区块进行了页岩气开发经济性分析，但因项目没有充分的生产数据支持，参考美国 Haynesville 页岩开采区，诸多假设与实际情况可能有较大出入。Xia 等（2015）和 Yuan 等（2015）对四川盆地进行了页岩气开发经济性分析。他们的研究对页岩气开发经济性评估提供了重要的方法借鉴，但由于当时我国页岩气成功商业化时间较短，各项成本数据仍处在较大变化之中，特别是对页岩气井的递减规律尚不清楚，使得计算可能存在一定的偏差。

我国部分学者以美国地区数据为准进行了分析。部分学者以美国 Fayetteville 页岩气开发区、马塞勒斯页岩气开发区和宾夕法尼亚州页岩气开发区等数据进行了页岩气开发经济性分析（陈广仁等，2013；高世葵等，2014；徐博等，2016；耿小烬等，2016）。同样，他们的研究提供了页岩气开发经济性评估重要的方法借鉴，然而由于页岩气资源的特殊性，以及中美页岩气开发条件等不同，中美页岩气开发经济性差异较大。

目前，国内外开展页岩气开发项目经济性评价大都采用净现值（NPV）法。净现值法评估页岩气开发经济性面临的难点是关键经济参数，如开发成本、经营成本、单井产量和页岩气价格等难以确定。下面重点综述页岩气开发成本、经营成本及单井产量和价格确定研究方法。

（1）页岩气开发成本

页岩气开发成本由钻井工程成本、完井工程成本和地面设施成本三部分组成。

1）钻井工程成本

测算页岩气钻井工程成本的主要方法有成本叠加法、单位成本法、每日成本法、成本模型法和概率法。

①成本叠加法

成本叠加法是将钻井过程中的各项成本进行相加得到总的钻井成本。各项成本一般包括钻机等主要设备损耗、钻井液消耗、固井水泥浆消耗和人工等各项成本。Hefley 和 Seydor（2011）采用各项成本叠加的方法，测算了美国马塞勒斯页岩气区块钻井工程成本。Bonakdarpour 等（2011）基于大量的数据统计了钻井工程成本的每一项成本，通过成本叠加法测算了钻井工程成本。

②单位成本法

钻井成本主要与钻井垂直深度和钻井水平深度密切相关。单位成本法即是按照钻井单位成本的方法测算钻井工程成本，有不区分垂直深度和水平深度的统一单位成本法和区分垂直深度和水平深度的单位成本法。Wilson 和 Durlofsky（2012）使用不区分垂直深度和水平深度的统一单位长度成本方法测算了钻井工程成本，实际上钻井成本与井深度非线性相关的关系，采取统一单位成本方法可能会高估或低估实际成本。Juell 和 Whitson（2013）和 Song 等（2011）通过区分垂直深度和水平深度的单位成本法测算了钻井工程成本。区分垂直深度和水平深度的单位成本法将会得到更加准确的结果。

③每日成本法

Pearson 等（2012）采用每日成本法测算了页岩气的钻井工程成本。每日成本法更容易计算，考虑到整体钻井成本被分配到每天，这个方法通常相对更精确。但每日成本法的精确度很大程度上取决于每日定额成本的准确性。

④成本模型法

Husain 等（2011）建立了基于单位长度和基于深度的成本模型测算钻井工程成本。Wehunt 等（2012）建立了基于垂直深度、曲面长度和水平长度的成本模型测算钻井工程成本。虽然成本模型能有效反映主要因素对钻井工程成本的影响，但是目前存在的成本模型仍然存在一些不足，很少有模型强调学习曲线的影响。

⑤概率法

部分学者认为由于页岩气开发的复杂性，确定性方法不适合用于测算钻井工程成本。为了更好地解决不确定性问题，另一部分学者认为概率法能更好地测算钻井工程成本。Fondren 等（2013）和 Valdes 等（2013）采用概率法测算了钻井工程成本。基于大量统计数据的概率法能得到更为准确的测算结果。

2）完井工程成本

测算页岩气完井工程成本的主要方法包括成本叠加法、单位成本法和成本模型法。

①成本叠加法

Hefley 等（2011）和 Yang 和 Economides（2012）基于各项成本叠加的方法测算了完井工程成本。Bonakdarpour 等（2011）基于大量的数据统计了完井工程的每一项成本，通过成本叠加法测算了完井工程成本。各部分成本叠加的方法，其测算完井工程成本的准确度受制于每项成本可获得数据的质量。

②单位成本法

单位成本法包括单位压裂成本法、调整的单位压裂成本法、固定成本加基于单位压裂成本的可变成本法和单位压裂面积法。

Meyer 等（2010）、Ma 等（2013）和 Barree 等（2014）基于单位压裂成本法测算了完井工程成本。采用单位压裂成本法，由于没有考虑压裂大小的影响，可能会产生测算结果的误差。基于此，Schweitzer 和 Bilgesu（2009）、Uzoh 等（2010）、Yu 等（2013）、Wehunt 等（2012）通过调整的单位压裂成本测算了完井工程成本。Pearson 等（2012）把压裂成本分为两部分，一部分是固定成本，另一部分是单位压裂成本的可变成本，采用固定成本加可变成本的方法能较为精确地测算完井工程成本。Britt 等（2010）根据单位压裂面积而非单位压裂成本的方法测算了完井工程成本。

③成本模型法

Juell 和 Whitson（2013）根据压裂大小与每段压裂的成本，构建了一个相对复杂的压裂成本预测模型。对于考虑主要驱动因素的每段压裂成本和压裂大小的成本模型方法能得到较为准确的测算结果。

3）地面设施成本

测算页岩气地面工程成本的主要方法包括成本叠加法、成本分配法、单位成本法、成本模型法和概率法。

①成本叠加法

Hefley 等（2011）基于各项成本叠加的方法测算了地面设施成本。Bonakdarpour 等（2011）基于大量的数据统计了地面设施成本的每一项成本，通过成本叠加法测算了地面设施成本。

②成本分配法

Nome 和 Johnston（2008）、Baihly 等（2010）、高世葵（2014）、Xia 等（2015）和 Yuan 等（2015）等采用成本分配的方法将地面设施成本合并到钻井成本中。成本分配方法由于缺乏各部分足够的统计数据，测算结果较为粗糙。

③单位成本法

单位成本法主要包括单位产量法、单位面积法和单位数量法 3 种。Agbaji 等（2009）采用单位产量法测算了地面设施成本。Li 等（2013）采用单位面积法测算了地面设施成本。Wehunt（2012）采用单位钻井平台成本和单位井成本测算了地面设施成本。采用单位产量法测算地面设施成本，可行性还需要进一步确定。采用单位面积的方法测算地面设施成本，同样需要进一步的研究地面设施成本是否与面积之间存在明显的关系。采用单位钻井平台成本和单位井成本，考虑到钻井平台的数量和井的数量是地面设施成本的重要驱动因素，通过此方法测算可以得到较为准确的结果。

④成本模型法

Mitschanek 等（2014）基于管线的直径和长度，采用成本模型法测算了管线的建设成本，然后以管线建设成本一定的比例测算了地面设施成本。基于管线的成本提供了一个测算地面设施成本的新思路，但它的可行性仍然需要探讨。

⑤概率法

Kaiser（2012）和 Weijermars（2013）使用概率法测算了地面设施成本。概率法测算地面设施成本时可以得到较为准确的测算结果。但在没有足够的开发数据时，难以运用此方法进行测算。

（2）页岩气经营成本

页岩气的经营成本主要与产出费用和经营费用有关。测算页岩气经营成本的主要方法包括成本叠加法、单位成本法（单位时间法和单位产量法）、固定成本加可变成本法、百分比法（年收入百分比法和资本支出百分比法）和概率法。

①成本叠加法

MacDonald 等（2002）基于每项成本叠加的方法测算了经营成本。各部分成本叠加的方法测算经营成本具有一定的可行性，但由于各成本测算存在一定的困难，较难精确测算经营成本。

②单位成本法

Wright（2008）、Schweitzer 和 Bilgesu（2009）、Agrawa 等（2010）根据单位时间成本法测算了经营成本。Nome 和 Johnston（2008）、Connors 等（2011）根据单位产量成本法测算了经营成本。单位时间成本法和单位产量成本法考虑了经营成本的重要驱动因素时间和产量，因此在运用单位成本法测算经营成本时可以得到较为准确的结果。

③固定成本加可变成本法

Wehunt 等（2012）、Taylor 等（2010）、Williams 和 Clarkson 等（2011）、Yuan 等（2015）根据固定成本加可变成本法测算了经营成本。此方法由于分别考虑了固定成本和可变成本，因此在运用此方法测算经营成本时可以得到较为准确的结果。

④百分比法

Lake 等（2013）和 Marongiu 等（2009）基于年收入的百分比法测算了经营成本。Mian（2013）基于资本支出的百分比法测算了经营成本。百分比法基于大量的统计数据，在运用此方法测算经营成本时可以得到较为准确的结果。

⑤概率法

Kaiser（2012）和 Weijermars（2013）采用概率法测算了经营成本。概率法测算经营成本时可以得到较为准确的结果。但在没有足够的开发数据时，难以运用此方法进行测算。

（3）页岩气产量预测

合理预测页岩气单井产量是页岩气开发经济性评估的重要方面。当前页岩气产量的预测方法主要包括产量模拟分析和产量递减曲线分析两方面。

页岩气产量下降很快，准确地预测页岩气产量是一个巨大的挑战。在页岩气产量早期研究方面，由于不能有效地掌握页岩气产量下降的规律，精确地预测页岩气产量存在一定的困难。部分学者采取了页岩气产量模拟的分析方法。Husain等（2011）通过大量页岩气产量统计数据模拟并预测了页岩气产量。但产量模拟预测分析方法的困难在于模型建立需要大量页岩气产量统计数据。

随着页岩气产量研究的逐步发展，学者们对识别页岩气产量下降规律有了进一步的了解，对产量递减曲线分析方法的研究越来越多。当前大部分研究都集中在产量递减曲线分析上。一般页岩气产量递减曲线分为三种：指数递减、双曲线递减和双曲线递减后指数递减。Williigers（2011）、Kaiser（2012）、Weijermars（2013）采取指数递减函数预测页岩气单井的产量。Harding（2008）、Duman（2012）、Liu等（2013）采用双曲线递减的方法预测了页岩气的产量。Lake等（2013）采用指数递减和双曲线递减结合的方法预测了页岩气单井产量。

（4）页岩气价格预测

在页岩气经济性评价研究中，页岩气价格通常采用可变价格或固定不变价格进行计算。可变价格通常有3种类型的价格预测方法：线性价格函数、指数价格函数和对数价格函数。Hefley等（2011）使用线性价格函数预测了页岩气价格。Weijermars（2013）采用指数价格函数预测了页岩气价格。Dougherty和Chang（2010）在研究中采用对数价格函数预测了页岩气价格。页岩气价格变化曲线见图1-4。

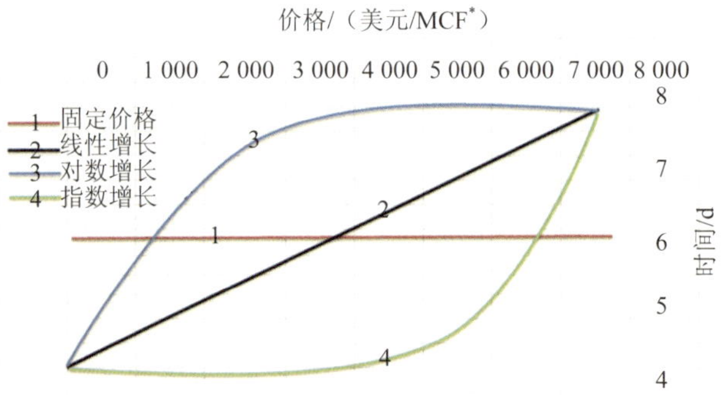

图1-4 页岩气价格变化曲线

资料来源：Dougherty 和 Chang（2010）。

*MCF意为千立方英尺。

部分研究采用固定不变价格进行计算，通常假定固定不变价格能够简单快速地进行计算，但页岩气开发周期长，以不变的价格可能会造成评估结果的不准确。在评估页岩气开发经济性中，价格的波动性是价格预测的一个难点。未来随着价格不确定性研究热度的增长，发展一个准确的价格预测技术将是未来研究的重要方向。

1.2.2 关于页岩气开发对地区经济社会影响的研究进展

通过国内外页岩气开发对经济社会影响研究现状发现，我国页岩气开发对地区经济社会影响的研究较少，且以定性分析为主。朱瑜等（2015）从能源结构调整、经济可持续发展、劳动就业和居民生活水平 4 个方面，定性分析了重庆市页岩气开发对地方经济发展的影响。美国相关研究较多，学者们对页岩气开发带来的地区经济社会影响进行了分析。

一方面，页岩气开发对当地的经济社会带来巨大效益，主要包括经济的增长、政府税收的提高以及就业岗位的增加等。另一方面，页岩气开发带来地区经济社会效益增加的同时也会给开发地区带来潜在的经济社会损失，在评估经济社会影响时还应同时注重页岩气开发对地区净经济社会的影响。下文将重点阐述页岩气开发对地区经济社会效益预测、经济社会损失和净经济社会影响三个方面的研究进展。

（1）页岩气开发对地区经济社会影响预测研究

目前页岩气开发对地区经济社会影响预测研究，国外一般采用 IMPLAN（impact analysis for planning）模型。IMPLAN 模型本质上是投入产出模型的一种，它常被政府机构用来预测地区的就业和经济（Miller 和 Blair，1985；马忠玉等，2017）。

IMPLAN 模型投入产出分析通常被用来分析和预测直接的、间接的和诱导的页岩气开发带来的经济社会效益（Considine 等，2009；Considine 等，2010；Higginbotham，2010；Thomas 等，2012）。美国阿肯色州大学商业和经济中心（University of Arkansas，2008）使用 IMPLAN 模型预测评估了页岩气开发对费耶特维尔地区就业岗位带来的影响，通过评估得出 2008—2012 年页岩气开发将提供 11 000～12 000 个工作岗位。Considine 等（2010）通过使用 IMPLAN 模型预测评估了页岩气开发对宾夕法尼亚州增加值、税收收入和就业的影响，通过分析得出2009年页岩气开发带来包括直接影响、间接影响和诱导影响的增加值将达到38亿美元，国家和地区的税收收入将达到4亿美元，创造的工作岗位将超过48 000个。美国HIS（Information Handling Services）公司（HIS，2012）使用IMPLAN模型和其本身的贸易流动数据库，得出2012年页岩气开发将给页岩气生产州直接带来24万个工作岗位。

（2）页岩气开发带来的经济社会损失研究

页岩气开发带来经济社会效益的同时，也可能由于开发引起潜在环境污染而带来经济社会损失，如农业损失、旅游影响、房屋价值降低和道路损坏等。

部分学者对页岩气开发可能带来的经济社会损失进行了定性分析。由于担心页岩气开发可能污染当地农作物，农业的品牌形象可能会受到页岩气开发的损害（Holtz，2010）。Rumbach（2011）分析了纽约页岩气钻井对旅游业的影响，研究认为页岩气开发将给纽约的旅游业品牌带来一定的负面影响。美国部分页岩气开采是在城市周边进行的，有学者研究发现页岩气开发会引起周边房屋价值的降低（Throupe等，2013；Gopalakrishnan和Klaiber，2014）。

此外，有研究者发现页岩气开发导致地区社会服务成本增加。Kelsey和Ward（2011）研究发现，页岩气开发导致宾夕法尼亚州社会服务成本相应增加。部分缺水的页岩气开发地区，需要大量重型卡车运输压裂用水，由此导致道路损坏。Schlachter（2012）通过研究发现，页岩气开发对得克萨斯州带来的道路损失约为20亿美元。纽约州交通部门的一份研究报告也表明页岩气开发每年带来地区道路损失1.21亿～2.22亿美元（US，Draft Discussion Paper，2011）。

总体来看，目前对页岩气开发带来的经济社会损失主要是进行定性分析，难以进行定量化评估。

（3）页岩气开发对地区经济社会净影响研究

当前评估页岩气开发对地区净经济社会影响使用最多的方法是倍差法（DID）和合成控制法（SCM）。两种方法都属于对照试验方法，可以定量分析页岩气开发对地区的净经济社会影响，适用于页岩气开发已产生较为明显影响地区的经济社会分析。

倍差法又称双重差分法，多用于对公共政策和项目实施效果的定量评估（叶芳和王燕，2013）。国外学者 Ashenfelter 和 Card（1984）最先在其一篇项目评价的文章中引入倍差法模型。部分学者采用倍差法分析了页岩气开发对地区净经济社会影响（Weinstein 和 Partridge，2011；Weber，2012；Weinstein，2014）。Weinstein 和 Partridge（2011）使用倍差法分析了宾夕法尼亚州页岩开发区对地区就业和人均收入的净影响，分析结果显示，2005—2009 年页岩气开发对宾夕法尼亚州北部和南部有正的人均收入影响。Weber（2012）使用倍差法分析了美国科罗拉多州等页岩开发地区经济社会净影响。Weinstein（2014）通过 2001—2011 年的数据，使用倍差法分析得到美国页岩气开发州的就业率乘数是 1.3。

Abadie 和 Gardeazabal（2001）及 Abadie（2010）等提出了合成控制法（SCM）。合成控制法可消除倍差法中干预组与对照组的异质性导致的估计偏差。有学者采用合成控制法分析了页岩气开发对地区的经济社会净影响。Munasib 和 Rickman（2015）采用 SCM 定量分析了美国阿肯色州、北达科他州和宾夕法尼亚州页岩气开发的净经济影响。合成控制法虽克服了倍差法的缺陷，但也存在一定的局限性，在合成目标情形时，会出现找不到对照组合适权重的情况（苏治和胡迪，2015）。

总体来看，倍差法和合成控制法都属于对照试验方法，但两种方法都存在一定的局限性，不能预测页岩气开发对地区的净影响。

1.2.3 关于页岩气开发环境影响的研究进展

页岩气开发单井消耗大量的水资源，存在水污染、大气污染和生态环境破坏等潜在环境风险。页岩气开发过程中产生的废水、废气、固体废物和噪声等所引起的环境问题引起了国内外学者的广泛关注和研究。当前，国内外学者对页岩气开发产生的环境影响进行了大量研究。从现有的文献资料来看，页岩气开发环境问题主要集中在水资源、大气和生态环境等方面。

（1）页岩气开发对水资源的影响

从当前页岩气开采技术和美国多年开发实践来看，水资源问题是页岩气开发过程中面临的最主要的环境问题，主要包括水资源消耗、钻井液和返排水等处理不当造成的地表水污染和压裂液渗透造成的潜在地下水污染等。

1）水资源消耗

页岩气赋存于富有有机质的页岩及其夹层中，由于页岩气储层低孔隙度（页岩气储层的孔隙度一般为 4%～6%）和低渗透率（渗透率一般小于 0.001 mD[①]）的物理特征，导致页岩气气流溢出的阻力远大于常规天然气，不实施储层改造，基本无自然产能（汪民等，2013）。因此，在页岩气开采过程中需要用水力压裂技术进行储层的改造，而水力压裂技术需要消耗大量的水资源。

页岩气开发过程中多个阶段都需要消耗水资源，包括钻井作业、冲洗井、完井压裂以及生活用水等，其中压裂用水过程一般占整个过程用水量 80%以上（张东晓和杨婷云，2015）。因此，压裂用水量的大小决定了页岩气开发过程的水资源消耗量，而钻井作业用水、压裂后的设备冲洗和生活用水相对较少。

从当前页岩气开发单井压裂用水量来看，不同地区页岩气开发压裂用水量差异较大，美国页岩气开发单井压裂用水量一般为 8 000～100 000 m^3，平均约为 15 000 m^3（Vengosh 等，2014）。我国四川页岩气开发单井压裂用水量多在 29 000～30 000 m^3（陆廷清等，2016）。影响压裂用水量的主要因素包括井深、水平段长度、压裂段数、每段压裂用水量以及地质特征和压裂液等（Clark 等 2013；张东晓和杨婷云，2015）。一般来说，在每段压裂用水量不变的情况下，井深越深、水平段长度越长、压裂段数越多，则压裂用水量越多。从单井水资源消耗量来看，页岩气开发用水消耗量大。

2）水污染

水污染问题是页岩气开发中最具争议的问题。美国 2001—2011 年完钻的 2 万多口井中，多数环境评估良好（Moniz 等，2011），但多数研究指出页岩气开发可能造成水污染（Osborn 等，2011；Jackson 等，2013；Cohen 等，2013；Warner 等，2013；肖钢和白玉湖，2012；王玲和熊永生，2013；杨德敏等，2013；田磊等，2013）。

可能引起地表水污染。页岩气开采废水主要包括钻井废水、压裂返排液和井场雨水，开采废水处理或存储不当可能造成地表水污染。一般情况下，钻井废水和井场雨水产生量少且成分简单，而压裂返排液往往量大且成分非常复杂。地表水的污染往往是由于返排液处理不当造成的。在完井压裂后，由于压力下降，井下的压裂返排液和产出水随着页岩气排至地面，其中产出水是地层中原本存在的水，在经过压裂后与压裂返排液一起到达地表。不同页岩气储集层返排

① 1mD=1×10^{-3}μm^2。

液的返排比例差别较大。各页岩气开发地区压裂液返排率见表 1-1。

表 1-1 各页岩气开发地区压裂液返排率

页岩气开发地区	开发储层	返排率/%
重庆涪陵	志留系龙马溪组	~3
陕西延长	奥陶系下统马家沟组	~50
四川长宁	志留系龙马溪组	~20
美国 Marcellus	—	~22
美国 Fayetteville	—	~35
美国 Haynesville	—	~86

资料来源：陕西延长数据来源于廖友运等，2010；四川长宁数据来源于史聆聆等，2015；美国数据来源于 Lester 等，2015。

返排水成分非常复杂，既有来自原有压裂液中的化学添加剂，又有地下深层的重金属和高溶解固体等，部分返排水中还含有少量的镭等放射性物质（彭民等，2015）。返排水的处理难度较大，目前关于页岩气开发压裂返排液的处理方式主要包括深井灌注、现场处理回用或外排、污水处理厂处理后外排等。无论以何种方式进行返排液处理，如果某个环节处理不当都有可能污染当地水资源。部分学者认为，页岩气井的钻井液、压裂返排液等含有大量的污染物，这些污染物处理不当会引起地表水污染（肖钢和白玉湖，2012；杨德敏等，2013；田磊等，2013；王玲和熊永生，2013）。

可能引起地下水污染。页岩气开发过程中对地下水的污染主要包括两方面：一是游离页岩气污染；二是液体污染，包括开发过程中钻井的钻井液和压裂过程的压裂液等污染。游离页岩气的污染途径主要是钻井、固井及完井过程中页岩气从页岩气井套管缺损处泄漏而污染浅层地下水。液体污染的途径主要包括：在钻井、固井及完井过程中钻井液、压裂液、返排液等从页岩气井套管缺损处泄漏而污染浅层地下水；压裂液和储集层的地层水通过裂缝或连通通道向上运移，污染地下含水层（张东晓和杨婷云，2015；吕连宏等，2017；Vengosh 等，2014）。

从美国页岩气开发甲烷水质监测研究来看，Osborn 等（2011）选取美国 Marcellus 页岩气开发区周边 68 口饮用水井进行甲烷浓度分析，分析结果显示，距离页岩气井 1 km 范围内的地下水甲烷平均浓度为 19.2 mg/L，而距离页岩气井 1 km 范围以外的地下水甲烷浓度为 1.1 mg/L。Jackson 等（2013）同样选取美国 Marcellus 页岩 144 口浅层饮用水井分析，研究发现距离页岩气井 1 km 范围以内地下水中甲烷平均浓度是距离页岩气 1 km 范围以外地下水的 6 倍。由于美国 Marcellus 页岩区普遍存在热成因甲烷，有学者认为，Osborn 等和 Jackson 等的研究不能证明地下水中甲烷浓度的升高是由页岩气开发造成的。Warner 等（2013）采用相同方法对美国 Fayetteville 页岩气井附近 127 口井进行分析，其分析结果显示有 63%的井发现有甲烷，仅有 6 个井甲烷浓度超过 0.5 mg/L，并未被页岩气污染。

页岩气压裂过程中，注入的压裂液是否会向上移动污染地下水，是使用水力压裂技术争议的焦点。问题的关键在于页岩气目的层与地下水的连通性，以及是否有向上进行运移的驱动力。一般页岩压裂目的层深度在 1 000 m 以上，而地下水深度不超过 300 m（King，2012），目的层距含水层还有较远的距离，而压裂结束后，储层压力下降，缺乏足够向上运移的动力。但是从理论上不能排除天然气裂缝成为压裂液运移通道的可能性。总体来看，虽然存在压裂液污染地下水的可能性，但目前还未发现压裂液向上运移污染地下水的证据。综合来看，当前并未发生页岩气开发严重污染水质事件，但页岩气开发存在污染水质的可能性，其开发对地下水的影响需要进一步评估。

（2）页岩气开发对大气环境的影响

页岩气开发的大气污染来源主要包括施工扬尘、柴油机排放的污染物、测试放喷废气、开采运输过程中的页岩气泄漏等（刘小丽等，2016；张东晓和杨婷云，2015）。施工扬尘的主要污染物是总悬浮颗粒物（TSP），施工扬尘主要集中在井场内及其周边，并随着施工完成而结束。柴油机排放的污染物主要是氮氧化物（NO_x）和颗粒物，其主要来自钻井工程柴油机驱动钻井燃油废气和压裂测试压裂车燃油废气。测试防喷废气主要是甲烷燃烧产生的二氧化碳（CO_2），如果气井含有硫化氢（H_2S），则会产生二氧化硫（SO_2）。一般情况下，以上三者总体排放量都不大，页岩气开发对大气的影响主要是甲烷泄漏。

甲烷的泄漏途径主要包括完井过程中排放、试气放喷过程排放、完井后生产过程中排放和运输过程中排放。完井过程中的排放一般分两种情况：一是随着返排液在返排过程中排放出来，由于甲烷远超过返排液中能溶解的数量，此过程带来甲烷排放量较大；二是沿着泄漏通道排放出来，包括各类井筒、原有废弃井以及未被发现的断裂或封闭不良的“盖层”（张徽等，2013；余晨等，2014）。试气放喷过程排放，存在部分泄漏。完井后生产过程中排放主要是井场的常规排气和设备泄漏（余晨等，2014；徐博等，2016），相比常规天然气，在相同产能情况下，页岩气井数目更多，所需要的管道和阀门等设备数量也更多，存在甲烷泄漏风险。运输过程中甲烷排放主要是通过管道泄漏产生。

从发表的相关文献来看，页岩气开发甲烷排放量的研究结论存在较大差异。相关研究结论主要包括：①页岩气比常规气全生命周期排放温室气体高。与常规天然气开发相比，由于水平井和水力压裂的应用，页岩气开发过程面临更大的甲烷泄漏风险（冯相昭，2012）。Howarth 等（2011）认为页岩气全生命周期甲烷排放量为单井总产量的 3.6%～7.9%，常规天然气为 1.7%～6.0%，至少比常规气高出 30%。②在全生命周期，页岩气与常规气排放的温室气体相当。Jiang 等（2011）通过研究得出，在全生命周期内页岩气仅比常规气高 3%。Stephenson 等（2011）通过研究得出，页岩气生命周期排放比常规气高出 1.8%～2.4%。③在全生命周期，页岩气比常规排放的温室气体低。Burnham 等（2012）的研究估计页岩气从井场建设到终端消费全周期温室气体排放比常规天然气低 6%，比煤炭低 33%。

研究结果出现较大差异的原因主要是单井预期最终可采储量的不确定性、压裂液返排比例不同以及测算采用研究方法等的差异（张东晓和杨婷云，2015；王建良和冯连勇，2016）。综合来看，页岩气开发过程中其他大气污染较小，主要大气污染问题是甲烷泄漏。

（3）页岩气开发对生态环境的影响

页岩气开发过程对生态环境的影响主要在三个时期，即施工期、运行期和退役期，其中施工期影响最大，运行期和退役期影响较小（徐畅等，2017）。施工期进场道路的开辟和场地的平整、井场和站场的建设用地、地面集输工程的管沟开挖和管线布置、压裂液储备罐、清水池和其他存储池都需要占用土地资源。美国 Marcellus 页岩气田单个井场面积为 12 000～28 000 m^2（王亚运等，2012），占用的土地面积远大于常规油气的钻井井场面积。重庆页岩气开发一个平台占地面积为 17 000 m^2 左右。一方面，大量的土地占用会造成土壤的扰动，使土壤受到侵蚀，严重时会导致水土流失；另一方面，会破坏野生动物栖息地和大量植被，威胁物种生存，使生物多样性减少。

（4）页岩气开发对其他方面的影响

页岩气开发还会带来其他方面的影响，包括噪声污染、诱发地震和引发社会问题等。页岩气开发过程中的钻井噪声和压裂试气噪声可能影响当地居民的正常生活。页岩气开发还可能引发局部微小地震。有学者认为，页岩气开采水力压裂法是美国多场地震的诱因（Elst 和 Abers，2013）。此外，在页岩气开发中的水资源消耗、水污染、生态环境破坏等环境问题如果不能正确处理，则会引发社会问题，引发公众的抗议和居民投诉等。

目前页岩气开发环境影响问题以定性研究居多，定量化研究较少。郭瑞等（2016）通过结合国内外环境成本理论研究成果，提出了我国页岩气开发外部环境成本计量研究的方法。余国合和吴巧生（2015）通过构建环境效益评估体系，对我国页岩气开发利用环境效益进行了评估。他们的研究为页岩气开发的外部环境成本效益提供了一定的方法借鉴，但并未结合具体研究进行实证分析，且缺乏对环境内部成本效益的研究。

1.2.4 研究进展述评

（1）国内页岩气开发经济性研究不多，缺少对当前重庆页岩气开发经济性实证分析

国内页岩气开发成功商业化较晚，针对页岩气开发经济性研究并不多。部分学者在页岩气开发之初，分析了四川盆地页岩气开发经济性，但由于分析时到页岩气开发各项成本数据仍处在较大变化之中，特别是对页岩气井的递减规律尚不清楚，使计算可能存在一定的偏差。美国页岩气开发成功商业化多年，较多页岩气开发经济性研究集中于美国地区或以美国地区数据进行分析，然而由于页岩气资源的特殊性，以及中美页岩气开发条件等不同，中美页岩气开发经济性差异较大。国内外学者们对页岩气开发经济性评估提供了重要的方法借鉴，但仍缺少对当前重庆页岩气开发经济性的分析。

（2）页岩气开发对地区经济社会影响的研究较少，且以定性分析为主，国内缺乏页岩气开发对地区经济社会影响定量分析

当前，我国页岩气开发对地区经济社会影响的研究较少，且以定性分析为主，

而对页岩气开发对地区经济社会的定量分析，缺乏相关研究。国外特别是美国页岩气规模化开发多年，相关研究较多，但中美页岩气开发在成本结构方面存在较大差异，在页岩气开发对地区经济社会影响方面存在着不同。国外页岩气开发对地区经济社会影响研究集中于页岩气开发对地区经济社会效益定量预测研究、经济社会损失定性分析和净经济社会影响定量研究等三个方面。其中，经济社会效益定量预测研究主要采用与投入产出模型一致的IMPLAN模型进行预测分析；经济社会损失主要进行定性分析，进行全面定量评估还存在困难；净经济社会影响主要采用倍差法和合成控制法进行评估，但两种方法不能预测页岩气开发对地区经济社会影响。

（3）页岩气开发环境影响问题以定性研究居多，定量化研究较少，国内缺少页岩气开发对地区环境影响的定量分析

国内外学者对页岩气开发产生的环境影响进行了大量研究，页岩气开发环境问题主要集中在开发消耗大量的水资源，存在水污染、大气污染和生态环境破坏等潜在环境风险。然而目前页岩气开发环境影响问题以定性研究居多，定量化研究较少，缺少页岩气开发对地区环境影响定量分析研究。部分学者对我国页岩气开发的外部环境成本效益进行了分析，提供了一定的方法借鉴，但并未结合具体研究进行实证分析，且缺乏环境内部成本效益研究。

1.3 研究对象、目标及意义

1.3.1 研究对象范围的确定

基于国内页岩气勘探开发现状、国内外页岩气开发经济性现状、页岩气开发对经济社会环境影响现状及国内现有研究成果的不足，本书选取重庆页岩气开发作为研究对象，首先分析我国页岩气资源潜力、勘探开发总体现状与存在的问题；其次对重庆页岩气开发进行经济性评估，并比较分析影响中美页岩气开发经济性的主要经济性参数（开发成本和产量）；再次定量分析页岩气开发对涪陵和重庆经济社会环境影响；最后分析页岩气开发对我国经济社会环境综合影响。从层次范围来看，本书的研究范围分为小、中、大三个层次。

1.3.2 研究目标

通过对重庆页岩气开发经济性分析、页岩气开发对涪陵和重庆经济社会环境综合影响分析和页岩气开发对我国经济社会环境影响分析等，测算不同影响因素下涪陵页岩气开发的经济性，优化企业投资决策，为政府制定页岩气资源税费和补贴等相关政策提供参考；并定量测算页岩气开发对涪陵和重庆经济社会环境影响，为当地政府在制定页岩气开发相关政策上提供科学的量化支撑；最后提出提高页岩气开发经济性的途径，并针对页岩气开发中可能存在的环境风险和环境污染，提出风险预防和加强监管的相关措施，以及加快推进重庆和我国页岩气产业发展的政策建议。

具体研究目标：

①评估重庆页岩气开发经济性，进行影响因素的敏感性和盈亏点分析，分析不同开发成本、资源税费、页岩气产量、页岩气价格和页岩气补贴下页岩气开发的经济性，为企业开发页岩气资源提供经济评价的重要参数，也为政府制定页岩气资源税费和补贴政策提供参考。

②定量分析页岩气开发对涪陵和重庆的经济社会影响，包括对经济产出、增加值、税收收入和就业人数等方面的影响，为重庆政府在制定相关政策提供量化支撑，同时为其他页岩气开发地区进行经济社会影响评估提供参考和借鉴。

③定量分析涪陵页岩气开发的环境成本效益，并定量和定性分析页岩气开发给重庆和我国带来的环境影响，突出环境与经济定量分析；并提出在全国进行页岩气开发之前，应采取的差异化开发和管理措施。

④提出提高重庆页岩气开发经济性的途径；提出重庆页岩气产业发展相关政策建议；针对页岩气开发中可能存在的环境风险和环境污染，提出加强相关监管的建议；提出加快推进我国页岩气产业发展的政策建议。

1.3.3 研究意义

①从研究内容上看，针对当前我国页岩气开发项目经济性定量研究少、企业投资和政府部门相关扶持政策缺乏数据支持的现状，本书以当前重庆页岩气开发项目为案例，定量评估了重庆页岩气开发经济性；针对当前国内页岩气开发对地

区经济社会影响定量研究较少的现状，本书以重庆地区为案例，研究了页岩气开发对重庆经济社会影响，完善和丰富了页岩气开发经济性和页岩气开发对地区经济社会影响的相关研究内容。

②从理论上看，本书综合运用经济评价分析理论、投入产出理论、环境价值评估理论、外部性理论等，研究了重庆页岩气开发经济性、页岩气开发对重庆经济社会环境影响，定量测算了不同影响因素下重庆页岩气开发的经济性、页岩气开发对涪陵和重庆的经济社会环境影响；提出了相关对策建议，该评估和分析框架可为其他地区页岩气开发经济性和页岩气开发对地区经济社会环境影响评估提供参考和借鉴。

③从实践上看，研究页岩气开发的经济性评估，以及页岩气开发对地区乃至全国的经济社会环境影响具有重要的实践意义。以重庆页岩气开发为案例进行页岩气开发的经济性分析研究，以及研究页岩气开发对重庆经济社会环境综合影响具有重要意义，而且对我国其他页岩气开发区也具有重要的借鉴意义。

1.4 研究方法与数据来源

1.4.1 研究方法

①调查研究。对重庆页岩气勘探开发相关公司进行多次实地调研，了解页岩气开发项目的运行现状、开发相关流程，收集项目的可行性研究报告、环境影响评价报告等资料。调研涉及页岩气开发经济性的页岩气开发成本构成、单井初始产量、产量递减规律、相关税费成本和页岩气价格等；涉及页岩气投入产出结构、制造成本费用、销售费用、管理费用、财务费用等及购进材料来源和产品初次去向等。

与涪陵区发改委、统计局、城乡建委、交通委、旅游局和农委等涪陵区政府部门进行座谈调研，收集部门相关统计资料，全面了解页岩气开发对涪陵区带来的经济社会环境影响，并评估页岩气开发对涪陵经济社会影响。

②比较研究。比较分析影响中美页岩气开发经济性的主要经济性参数差异，包括单井开发成本、单井初始产量和单井最终可采储量等，并分析影响中美页岩

气开发主要经济性参数差异的主要因素；比较分析重庆页岩气开发与美国页岩气开发在环境影响方面的差异。主要包括水资源消耗量（单井水资源消耗量、单位压裂长度水资源消耗量、单位产量水资源消耗量、单位能源水资源消耗量）和甲烷排放量等。

③净现值法。运用净现值法进行页岩气开发经济性分析，明晰页岩气开发的各成本（购置成本、勘探成本、开发成本、经营成本、税费成本等）和效益（页岩气产量、价格、补贴等）构成，并在此基础上进行敏感性和盈亏点分析。

④投入产出模型分析法。对重庆投入产出表进行更新，结合调研的页岩气成本投入产出基础数据进行天然气与页岩气产业部门的拆分，在投入产出表的基础上，建立评估与预测重庆经济社会影响的投入产出模型，定量分析页岩气开发对重庆产出、增加值、税收收入和就业等的影响，以及对重庆各产业的影响。

⑤环境影响定性与定量结合分析法。采用定量与定性结合的方法分析了页岩气开发的环境影响，定量分析了页岩气开发带来的水资源消耗量与甲烷排放量等，特别是定量分析了涪陵页岩气开发内外部环境成本效益；定性分析了页岩气开发带来的水污染、生态环境破坏和噪声污染等，并定性分析了基于重庆和我国不同开发地区水资源和生态环境特征而采取的差异化开发措施。

1.4.2　数据来源

本书页岩气开发项目数据主要从重庆页岩气勘探开发相关公司调研获得；涪陵页岩气开发经济社会环境影响相关数据主要从涪陵区发改委、统计局和经信委等相关政府部门调研获得；重庆分析数据来自重庆市发改委、重庆市经信委和重庆市统计局，此外还包括以下资料：

①中石化重庆涪陵页岩气勘探开发有限公司，《环境保护白皮书》，2014；

②重庆市涪陵区环境保护局，《涪陵页岩气田一期产建工程环境保护调查报告环评报告》，2016 年 7 月；

③中煤科工集团重庆设计研究院有限公司，《某页岩气井钻井工程环境影响报告书》，内部资料，2016 年 9 月；

④中煤科工集团重庆设计研究院有限公司，《某页岩气井钻井工程环境影响报告书》，内部资料，2017 年 1 月；

⑤重庆市统计局，《2012 年重庆投入产出表》；

⑥重庆市经济发展数据来源于各年《重庆统计年鉴》；

⑦《2016 年重庆国民经济与社会发展统计公报》；

⑧《关于调整排污费征收标准等有关问题的通知》（发改价格[2014]2008 号）。

1.5 研究思路与研究框架

1.5.1 研究思路

第一，在我国页岩气开发现状与存在的问题、缺乏页岩气开发经济性分析、缺乏页岩气开发对地区经济社会环境综合影响研究等研究背景基础上，综述了国内外研究进展，明确了研究对象、研究目标、研究意义、拟采用的研究方法、研究思路及需要研究的主要内容。

第二，对应用经济评价分析理论、投入产出理论、环境价值评估理论、外部性理论等本书需要用到的相关理论进行梳理和总结。

第三，分析我国页岩气资源分布与开发潜力、页岩气勘探开发进程与现状、当前我国页岩气勘探开发面临的问题。

第四，在页岩气生产开发流程的基础上，分析页岩气开发项目的各项成本与页岩气开发项目的效益，探索建立与重庆页岩气开发项目相适应的经济性评价体系，分析页岩气开发项目的经济性及其影响因素，并对开发项目敏感性和盈亏点进行分析；然后比较分析我国与美国页岩气开发主要经济性参数的差异，分析影响中美页岩气开发经济性的主要因素。

第五，分析页岩气开发对涪陵经济社会环境影响，并分析中石化重庆涪陵页岩气勘探开发有限公司针对涪陵页岩气开发可能产生的环境影响和环境风险采取的环境保护措施及存在的问题；在以上研究的基础上，进行涪陵页岩气开发的环境成本效益研究。

第六，分析页岩气开发对重庆经济社会影响和页岩气开发对重庆环境影响两个方面的内容。测算页岩气开发对重庆经济总产出、增加值、税收、就业以及各行业的影响，并分析页岩气产业的关联效应与波及效应；定量分析重庆“十三五”

页岩气产业规划实施将给重庆带来的环境影响。

第七，估算我国页岩气开发潜力，在页岩气开发潜力的基础上，定性和定量分析页岩气开发对我国经济社会影响，并定量分析对我国环境的影响；提出在全国规模化开发页岩气之前应采取的差异化页岩气开发和管理措施。

第八，归纳主要研究结论，提出相关政策建议、创新点和不足，以及需要进一步研究的问题。

1.5.2 研究框架

本书的研究框架见图 1-5。

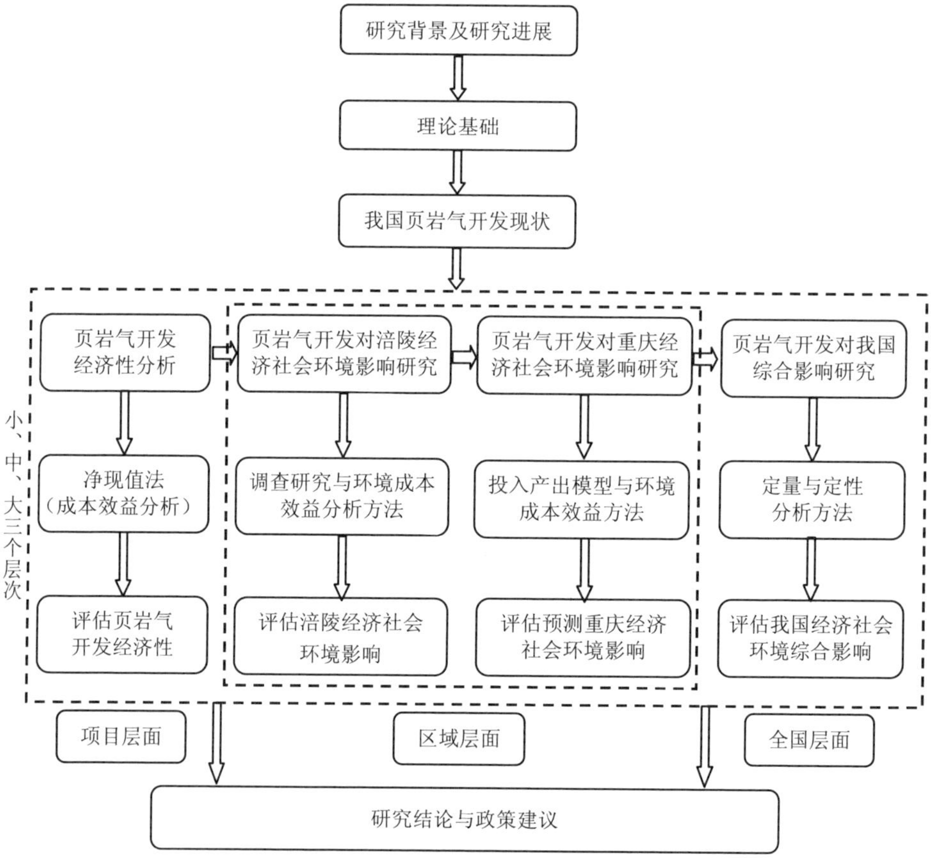

图 1-5 本书的研究框架

第2章 理论基础

本章介绍了本书的理论基础，包括页岩气开发项目经济性分析所采用的经济评价分析理论、页岩气开发对地区经济社会影响研究所采用的投入产出理论，以及页岩气开发对地区环境影响研究所采用的环境价值评估理论和外部性理论。

2.1 经济评价分析理论

2.1.1 经济评价分析的概念与分类

经济评价一般包括财务评价和国民经济评价两类。财务评价是通过对项目的成本和效益进行比较，评价项目在财务上的可行性，又称财务费用与效益分析。国民经济评价是从国家和社会整个国民经济的角度来评价项目成本和效益，评价项目对整个社会的净经济贡献，又称经济费用效益分析（国家发改委和建设部，2006）。

财务评价与国民经济评价既有相同之处，又有所区别。

相同之处：①评价的目标相同。两者评价的目标都是寻求以最小投入获得最大产出；②评价的基本分析方法相同。两者都是经济评价，使用的评价方法相同，都使用成本与效益比较的理论，采用现金流量方法，使用 NPV 和 IRR 等指标作为主要评价指标；③评价的基础相同。两者都是在可行性研究内容的基础上进行的。

区别之处：①评价的出发点不同，国民经济评价分析出发点是国家，而财务评价的出发点则是企业；②评价范围不同，国民经济分析是评价项目在宏观经济上的合理性，而财务评价则是评价项目在财务上的可行性；③评价选用的费用与效益范围不同，国民经济是包括直接费用效益和间接费用效益，而财务评价则仅包括直接费用效益。

按评价方法是否考虑时间因素，经济评价分析还可分为静态评价分析和动态评价分析。静态评价分析是不考虑资金的时间因素，而对现金流进行直接加总。动态经济分析是将不同时间的现金流进行折现，然后对现金流进行加总。因此，与静态经济分析相比，动态经济分析更能较全面地反映整个计算期内的经济效果。

2.1.2 经济评价分析的步骤

经济评价分析一般分两个步骤进行：

第一，识别评价项目的各项成本和效益，计算项目的现金流入量和现金流出量；

第二，计算评价项目的评价指标，其中两个最重要的评价指标是净现值（NPV）和内部收益率（IRR）。

（1）净现值（NPV）

净现值，是反映项目对国民经济所做贡献的绝对量指标，当 NPV 大于或等于零时，表示该项目的建设能力为社会做出净贡献，项目是可行的（宋荣华，2007；环境保护部，2015）。

（2）内部收益率（IRR）

内部收益率，是反映项目对国民经济所做贡献的相对量指标，是使项目计算期内的净现值等于零时的贴现率。国家公布有各行业的基准内部收益率，当项目的内部收益率大于行业基准内部收益率时，表明该项目是可行的（环境保护部，2015）。

本书选取 NPV 和 IRR 作为经济评价指标。

2.1.3 经济评价的不确定性分析

常用的不确定性分析方法有敏感性分析和盈亏平衡分析。

敏感性分析，是通过改变经济评价项目中主要影响因素的大小，分析项目经济性指标变化的影响程度。即在项目评价中改变某一参数的大小，分析对项目经济性指标 NPV 和 IRR 的影响。

盈亏平衡分析，是分析项目费用与效益的平衡关系的一种方法。各种不确定性因素或指标的变化会影响项目的经济性，当这些因素或指标的变化达到某一临界值时，就会影响项目方案的取舍。盈亏平衡分析的目的就是找出这种临界值，即盈亏平衡点，为决策提供依据（赵丽娟，2013；环境保护部，2015）。

本书对页岩气开发项目的经济性进行了敏感性分析和盈亏平衡分析。

2.2 投入产出理论

2.2.1 投入产出分析的基本概念

1936年8月，美国经济学家列昂惕夫首先提出了投入产出分析的概念。投入产出表在生产、需求、价格、能源环境以及对外贸易领域具有独特的分析优势，对我国宏观经济分析、决定和管理发挥了重要作用。对于投入产出模型来说，它的字母表示经济指标，数学方程表现为经济数量关系，数学推导反映了经济关系的变换，是经济理论和数学方法二者的有机融合（刘起运等，2006；夏明和张红霞，2013）。

投入产出分析是一种特定的经济数量分析方法。“投入产出分析”与“一般投入产出”相比，作为一种经济数量分析方法而言，具有更多的分析功能、更为复杂。

2.2.2 投入产出分析的形式

（1）投入产出表

投入产出表具体形式如表2-1所示。表2-1是一张表现经济系统各部门（产品）的投入来源与产出去向平衡表。总体上来看，主要包括3个象限：第Ⅰ象限称为中间产品象限，是由中间投入主栏和中间使用宾栏交叉构成的；第Ⅱ象限称为最终产品象限，是由中间投入主栏和最终使用宾栏交叉构成的；第Ⅲ象限称为初始投入象限，是由初始投入主栏和中间使用宾栏交叉构成的。

第Ⅰ象限反映了各部门之间的生产技术联系，从横向上看，反映了 i 产品分配给 j 产品生产过程中的使用量；从列向上看，反映了 j 产品生产过程中对 i 产品的消耗量。第Ⅰ象限是投入产出表的核心。

表 2-1 投入产出表的一般形式

投入＼产出		中间需求	最终需求			总产出
		1，2，…，n	消费	资本形成	净出口	
	1 2 ⋮ n	Z_{ij}				
	固定资产折旧					
	劳动者报酬					
	生产税净额					
	营业盈余					
	总投入	X_j				

注：Z_{ij} 为中间流量矩阵；X_j 为总投入矩阵。

第Ⅱ象限反映各部门间产品的最终使用。从横向上看，表示某产品作为最终产品使用的去向，是用于消费、资本形成还是用于出口。从列向上看，反映最终使用的结构，例如，通过对消费列向量进行计算，可以得到不同产品在总消费中的比例情况。

第Ⅲ象限反映国民收入的初次分配。从横向上看，反映某种类型的收入在不同部门的分配状况。例如，通过劳动报酬行向量可以计算得到劳动报酬率，即不同部门劳动报酬在整个劳动报酬中所占的比例情况，并可以看出哪个部门占有的份额大。从列向上看，反映构成该部门不同类型的初始投入在总投入中所占的比重，例如，可以计算增加值占总投入的比重。

（2）投入产出数学模型

投入产出数学模型是在投入产出表的基础上建立起来的，具体应用较多的主要包括行向平衡关系、列向平衡关系、直接消耗系数和列昂惕夫模型。

1）行向平衡关系

投入产出表从行方向上看，表明某一部门产品分配使用的去向，各种使用去向之和等于总产出。在行向关系上，对于每一个部门而言，都是同一种产品，不管是价值形态还是实物形态，行向关系都是成立的。行向平衡关系如下：

$$\sum_{j=1}^{n} Z_{ij} + F_i = X_i \qquad i = 1, 2, \cdots, n \tag{2-1}$$

式中，Z_{ij}——中间流量矩阵；

F_i——最终产品列向量；

X_i——总产出列向量。

2）列向平衡关系

投入产出表从列方向上看，表明产品生产中的各种投入及要素，这些投入的价值量之和为总投入。在列向关系上，每一部门的中间投入是由不同的产品所构成的，列向关系之所以成立，需要借助于价格，把不同产品的实物量加总起来。列向平衡关系如下：

$$\sum_{i=1}^{n} Z_{ij} + V_j = X_j \qquad j = 1, 2, \cdots, n \tag{2-2}$$

式中，Z_{ij}——中间流量矩阵；

V_j——初始投入行向量；

X_j——总投入行向量。

3）直接消耗系数

直接消耗系数是生产单位某种产品对相关部门另一种产品的消耗量，公式如下：

$$a_{ij} = Z_{ij} / X_j \qquad i, j = 1, 2, \cdots, n \tag{2-3}$$

式中，a_{ij}——直接消耗系数；

Z_{ij}——中间流量矩阵；

X_j——总投入行向量。

投入产出模型中，直接消耗系数主要反映的是技术水平（田园，2017）。n 个部门的直接消耗系数用矩阵形式表示如下：

$$A=\begin{pmatrix} a_{11} & a_{12} & \cdots & a_{1n} \\ a_{21} & a_{22} & \cdots & a_{2n} \\ \cdots & \cdots & \cdots & \cdots \\ a_{n1} & a_{n2} & \cdots & a_{nn} \end{pmatrix}_{n\times n} \tag{2-4}$$

4）列昂惕夫模型

由直接消耗系数定义得到：

$$Z_{ij}=a_{ij}X_j$$

将其代入式（2-1）中可得

$$\sum_{j=1}^{n}a_{ij}X_j+F_i=X_i \qquad i=1,2,\cdots,n \tag{2-5}$$

式中，F_i——最终产品列向量；

X_i——总产出列向量。

令：

$$X=(X_1,\quad X_2,\quad \cdots,\quad X_n)^T$$

$$F=(F_1,\quad F_2,\quad \cdots,\quad F_n)^T$$

则方程组可以用矩阵形式表示为

$$AX+F=X \tag{2-6}$$

式中，A——直接消耗系数；

F——最终产品列向量；

X——总产品列向量。

该方程组变换得到：

$$X-AX=F \tag{2-7}$$

$$(I-A)X=F \tag{2-8}$$

式中，I——单位矩阵。

由直接消耗系数的性质可得 $I-A$ 可逆，于是：

$$X=(I-A)^{-1}F \tag{2-9}$$

此公式为列昂惕夫（Leontief）模型，是投入产出分析中最核心、最重要的公式。它反映了最终需求与总产出之间的关系。$(I-A)^{-1}$ 称为列昂惕夫逆矩阵（Leontief Inverse Matrix），将其记为

$$\tilde{B}=(I-A)^{-1} \tag{2-10}$$

式中，$\tilde{B}$——列昂惕夫逆矩阵。

2.2.3 投入产出分析的类型

投入产出模型两种最基本的模型类型是实物型投入产出模型和价值型投入产出模型。实物型投入产出模型使用实物量单位进行计量。实物型投入产出模型能够描述实物产品在生产中的数量关系，但由于实物量计量单位的局限性，实物型投入产出模型不能反映全部的经济活动。

价值型投入产出模型使用价值量计量单位进行计量。价值型投入产出模型能够更为全面和系统地表现和解释整个经济系统的经济活动，但价值型投入产出模型由于在很大程度上受到价格变动的影响，在模型应用中要特别注意。

2.3 环境价值评估理论

2.3.1 环境价值评估的理论基础

价值理论的基础一般有 4 种：主观论、客观论、主客体关系论和主客体关系之外论（元志贤和王连法，1995）。新古典福利经济学为环境价值评估奠定了理论基础。新古典福利经济学认为环境对人类福利的影响是对环境价值进行评估的依据。环境成本实际上就是指人类福利的减少，而环境效益则是指人类福利的增加。福利经济学价值的核心是可替代性理论，因为它在人们所需的各种物品之间建立了相应的替代率（张翼飞和金慧慧，2006；杨帆，2009）。

2.3.2 环境价值与价值评估方法

一般认为环境价值包括环境使用价值和环境非使用价值。环境使用价值通常包含直接使用价值和间接使用价值。环境的直接使用价值是指环境向人类提供的

食物、木材以及旅游等的直接贡献；间接使用价值是环境提供的生态服务功能，例如，森林的防风固沙和涵养水源等间接的贡献（环境保护部，2015）。环境非使用价值是指人们虽然不使用某一环境物品，但该物品仍具有的价值。

环境价值评估方法可归纳为四大类：直接市场评价法、替代市场评价法、意愿调查评估法和成果参照法（环境保护部，2015）。直接市场评价法是将环境当作一个生产要素，通过环境质量的变动来观察所产生的影响，直接用货币价格进行评价。替代市场评价法是用替代物的价格来衡量没有市场价格的环境物品的价值的一种方法。意愿调查评估法是以调查问卷作为工具，调查者对缺乏市场价格的环境给予赋值的方法。成果参照法是间接评价方法，通过估计类似环境影响的经济价值并进行修正后对环境进行评价。

2.4 外部性理论

在外部性理论发展过程中，许多经济学家都做出过重要贡献，其中以英国经济学家马歇尔、庇古和美国经济学家科斯做出的贡献最大。

马歇尔的“外部经济”理论可以说是“外部性理论”发展的第一个里程碑。19 世纪末，英国经济学家马歇尔在其著作《经济原理》中指出，由于企业内部的各种因素，如劳动者的技能水平、设备的先进水平和企业内部管理水平等，而导致企业费用的节约是“内部经济”。由于企业外部的各种因素，如产品市场需求容量大和企业周边交通便利等，而导致费用的减少是“外部经济”。马歇尔在他的著作中虽然没有直接提出“内部不经济性”和“外部不经济性”的概念，但是从他对“内部经济”和“外部经济”的相关论述中，可以推出“内部不经济”和“外部不经济”的概念。可以说，马歇尔的“外部经济”理论为外部性理论的提出奠定了基础（沈满洪和何灵巧，2002；苏新莉，2003；张波，2014）。

庇古的“庇古税”理论可以认为是“外部性理论”发展的第二个里程碑。1920 年，英国著名经济学家庇古发表了第一部阐述福利经济学问题的专著《福利经济学》。庇古在其著作中通过分析边际私人成本和边际社会成本以及边际私人收益和边际社会收益的不一致性来阐述外部性。他认为边际社会成本与边际私人成本之差，即是边际外部成本。同样，边际社会收益与边际私人收益之差为边际外部效益。正是由于边际外部成本和边际外部效益的存在，即“外部效应”的存在，导致市场实现不了社会资源的帕累托最优，从而导致市场失灵。当边际私人成本小于边际社会成本、边际私人效益大于边际社会效益时，存在“外部不经济”，庇古认为政府应该向企业或居民进行征税，以消除这种外部性。反之，存在“外部经济”，又称“正外部性”，政府应该给予企业或居民补贴（苏新莉，2003；张波，2014）。

科斯的“科斯定理”是“外部性理论”发展的第三个里程碑。1960年，新制度经济学派的鼻祖、美国经济学家科斯发表了《社会成本问题》一文。他在文中对庇古税进行了批判分析，他认为外部效应是具有相互性的，而不仅是一方的企业或居民的活动对另一方企业或居民造成影响的单向问题。科斯在论文中提出了自己的观点。第一，外部性具有相互性，并不是单向性的问题。第二，在产权明晰的情况下，当双方交易费用为零时，不需要庇古税。在这种情况下，双方通过自愿协商，可以达到资源配置的最佳结果，政府征税是多余的。第三，当双方交易费用不为零时，需要对各种政策手段的成本效益进行权衡比较，最终进行合理的选择，庇古税只是其中的政策选择之一，可能是最有效的政策，也可能是无效的政策（苏新莉，2003；林成，2007）。

庇古税和科斯定理都是当前解决外部性常用的方法，各国政府采用的排污收费、环境税和政府补贴是庇古税的体现；排污权交易和水权交易则是科斯定理的体现。一方面对企业采取排污收费等，可以促使企业采用对排放污染物全过程预防的循环经济或末端治理，从而减少污染物的排放，减少或避免外部性的发生；另一方面明晰产权，采取排污权交易，同样可以促使企业提高资源利用效率，减少或避免外部性。

我国页岩气开发现状与存在问题分析 第3章

本章阐述了我国页岩气开发潜力与资源分布、页岩气勘探开发进展，重点介绍了我国4个国家级页岩气示范区在勘探开发方面的相关进展；分析了当前我国页岩气勘探开发面临的问题。

3.1 我国页岩气资源潜力与分布

我国页岩气资源分布广、发育层系多，形成条件多样，整体资源潜力很大，开发前景广阔。2009年以来，国内外多家机构对我国页岩气资源量进行了评估。

（1）美国EIA评估结果

2013年6月，美国EIA发布了《世界页岩气和页岩气资源评价》报告，报告中对我国7个盆地和18个层系的页岩气资源量进行了评估。评估结果显示，我国页岩气技术可采资源量为31.6万亿m^3（郭焦锋等，2015），其中四川盆地页岩气资源最为丰富，技术可采资源量为17.7万亿m^3，占总技术可采量的56.2%；其次是塔里木盆地和扬子台地，技术可采量分别占总技术可采量的19.3%和13.4%。

（2）国土资源部评估结果

2012年3月，国土资源部发布了《中国陆域页岩气资源潜力评价初步成果》，对我国陆域5大区、41个盆地和地区、87个评价单元、57个含气页岩层段的页岩气资源潜力进行了评价。评估结果表明，我国页岩气地质资源量为134.41万亿m^3，技术可采资源量为25.08万亿m^3。评估结果优选出180个页岩气有利区。其中，上扬子及滇黔桂区60个，占全国总数的33%；华北及东北区57个，占全国总数的32%；西北区38个，占全国总数的21%；中下扬子及东南区25个，占全国总数的14%。国土资源部详细的资源评价结果见表3-1。

表 3-1　国土资源部发布的我国页岩气资源评估结果

评价单元		地质资源量/万亿 m^3	技术可采量/万亿 m^3	技术可采量占比/%
上扬子及滇黔桂区	四川盆地及周缘	40.02	6.44	39.62
	黔中隆起及周缘	14.44	1.87	
	桂中坳陷	2.33	0.53	
	南盘江盆地	2.36	0.26	
	百色南宁盆地	1.01	0.25	
	十万大山盆地	0.79	0.14	
	黔南坳陷	0.69	0.26	
	六盘山盆地	0.46	0.13	
	楚雄盆地	0.42	0.04	
	西昌盆地	0.14	0.01	
华东及东北区	鄂尔多斯盆地及外围地区	11.81	2.71	26.7
	松辽盆地及其外围地区	5.9	1.65	
	渤海湾盆地及其外围地区	5.06	1.34	
	南襄盆地及南华北地区	3.44	0.86	
	沁水盆地及其外围地区	0.57	0.14	
中下扬子及东南区	中扬子地区	9.81	1.59	18.49
	下扬子地区	5.94	1.07	
	苏北地区	3.28	0.48	
	湘中地区	2.81	0.75	
	湘东南	1.53	0.34	
	萍乐坳陷	0.62	0.16	
	东南地区	0.61	0.16	
	赣西北地区	0.56	0.09	
西北区	塔里木盆地	9.9	1.58	15.19
	准噶尔盆地	3.73	1	
	柴达木盆地	2.72	0.56	
	中小型盆地	1.88	0.35	
	吐哈盆地	1.39	0.29	
	酒泉盆地	0.28	0.03	
总计		134.41	25.08	100

（3）其他研究机构评估结果

2009 年，中国地质大学张金川等（2009）采用统计法、类比法以及德尔菲法等估算得出，我国页岩气可采资源量为 26 万亿 m^3。2010 年，中国石油勘探开发研究院廊坊分院的刘洪林等（2010）采用类比法，得出我国页岩气资源量为 21.5 万亿～45 万亿 m^3。各机构发布的我国页岩气资源评估结果见表 3-2。

表 3-2 国内外各机构发布的我国页岩气资源评估结果 单位：万亿 m^3

年份	研究机构	地质资源量	可采资源量
2009	中国地质大学	—	26
2010	中国石油勘探开发研究院廊坊分院	—	21.5～45
2012	国土资源部	134.41	25.08
2012	中国工程院	—	11.5
2013	美国 EIA	—	31.6
2015	国土资源部	—	21.8

从表中可以看出，中国工程院与各研究结构评价结果差异明显，中国工程院评价结果偏低。而且值得注意的是，国土资源部评估的 2015 年可采技术资源量比 2012 年评价结果降低了 13.1%。评价结果的差异和变化表明，我国页岩气资源调查和评价工作还有待进一步深入。

3.2 我国页岩气勘探开发进展

受国内天然气需求持续高速增长和美国页岩气商业性开发的影响，页岩气勘探开发受到我国政府的高度重视。2004 年，我国开始跟踪国外页岩气研究和勘探开发进展。2005 年，我国开始进行页岩气地质条件初步分析。2006 年，我国进行了页岩气开发的基础研究。2009 年，我国开展了页岩气先导试验区优选和试采；中石油在四川威远—长宁、富顺—永川等地区启动了首批页岩气工业化实验区建设（田黔宁等，2014）。2010 年中石油在四川盆地开发威 201 井获得工业气流，实现我国页岩气首次工业化突破。2012 年，中石化在重庆涪陵焦页 1HF 井获得工业气流。2016 年全国页岩气产量为 79 亿 m^3。

目前我国页岩气勘探开发工作主要集中在四川盆地和其周边地区，勘探开发的主体是中石化、中石油和延长石油。有实际性进展的区块有中石化的重庆涪陵、中石油的长宁—威远、富顺—永川和昭通区块。

3.2.1 中石化——重庆涪陵国家级页岩气示范区

自 2006 年开始，中石化重点关注页岩气；2007 年初步完成选区评价工作，并申请登记区块；2009 年开始页岩气勘探；2010 年优选井进行压裂测试，并部署钻探；2011 年中石化勘探南方分公司对前期优选的区块开展深入评价，落实了四川盆地内焦石坝、南川等 5 个有利勘探目标；2012 年在最有利的焦石坝目标区完成部署了第一口海相页岩气探井——焦页 1 井。2012 年 11 月 28 日，焦页 1HF 井放喷测试获 20.3 万 m^3/d 的工业气流，取得了中石化页岩气勘探突破。

国家能源局于 2013 年 11 月正式设立“重庆涪陵国家级页岩气示范区”。截至 2016 年年底涪陵页岩气田产气 50.05 亿 m^3，占我国页岩气总产气量的 64%。

3.2.2 中石油——四川长宁—威远和滇黔北昭通国家级页岩气示范区

中石油公司勘探开发区块主要包括长宁—威远、昭通两个国家级示范区和富顺—永川对外合作区。在前期地质勘探、地震资料处理解释和资料井的基础上，2009 年中石油钻探了我国第一口页岩气评价井威 201 井；2010 年中石油完钻我国第一口水平井威 201-H1 井。2012 年完钻宁 201-H1 井获得高产。2013 年，中石油围绕宁 201-H1 高产井，启动了长宁 H2、H3 两个“工厂化”平台试验，H2 平台部署 8 口水平井，H3 平台部署 6 口水平井。

国家发展改革委和国家能源局于 2013 年 1 月正式成立了四化长宁—威远国家级页岩气示范区和滇黔北昭通国家级页岩气示范区。截至 2016 年 11 月 20 日，四川首个国家级页岩气示范区长宁—威远国家级页岩气示范区 2016 年累计生产页岩气达到 20.09 亿 m^3，日产气量达到 724 万 m^3。

3.2.3 延长油田——延安国家级陆相页岩气示范区

2008 年以来，延长石油开始开展非常规资源前期调研工作，查阅并收集国内外页岩气勘探开发与研究的相关文献资料；2009 年开始详细对比分析国内外页岩气成藏地质条件，对鄂尔多斯盆地东南部页岩地层页岩气成藏条件进行初步评价；2010 年延长油田在油气勘探整体规划的基础上，加大了对非常规资源的勘探投入，选定甘泉—直罗和云岩—延川两个页岩气有利区；2011 年 4 月，柳评 177 井长七段进行了小规模压裂测试，日产气 2 350 m^3，突破陆相页岩气出气关，成为我国乃至世界上第一口陆相页岩气井；2013 年 9 月，延长石油公司在云岩—延川区顺利完钻上古生界第一口页岩气水平井。

2012 年 9 月，国家设立“延长石油延安国家级陆相页岩气示范区”。截至 2015 年 9 月，延安国家级陆相页岩气示范区完钻井 59 口，其中中生界直井 41 口、水平井 3 口，上古生界直井 12 口、水平井 3 口。

3.2.4 其他主体勘探开发进展

①中国海洋石油总公司。2014 年 6 月，中海油第一口页岩气探井“徽页 1 井”顺利完钻，完钻井深 3 001 m，钻井周期 91 天，但经过初步评估后，得到安徽的页岩气资源量不足以支持大规模开发。

②中国华电集团公司。2013 年 7 月—2014 年 8 月，在湖北鹤峰区块完成 2 306km^2 的二维地震外业和数据整理与分析工作；2014 年 12 月，贵州绥阳区块项目二维勘探野外采集资料工作通过验收；2015 年 5 月，在湖南花垣区块开钻“花页 1 井”；2015 年 10 月 16 日，在湖北来凤—咸丰区块成功压裂“来页 1 井”。

③国家开发投资公司。2014 年 8 月，在重庆城口区块开钻第一口页岩气探井“城探 1 井”，2015 年 6 月，该井压裂试气。

④湖南华晟能源投资发展有限公司。2014 年 9 月，在湖南龙山区块第一口参数井“龙参 2 井”完钻。2015 年 1 月，在龙山地区部署三维地震勘探和水平井钻探工作。

⑤中煤地质工程总公司。2015 年 11 月 14 日，在贵州凤冈区块开钻页岩气“永新 1 井”。在湖南桑植区块已完成地质调查、野外踏勘、二维地震、钻探“桑页 2 井”等工作。

⑥神华地质勘查有限责任公司。2014 年 6 月以来，在湖南保靖区块成功开钻了“保页 1”“保页 2”“保页 3”“保页 4XF”四口探井。

3.3 我国页岩气勘探开发面临的主要问题

目前我国页岩气勘探开发尚处于起步阶段，页岩气开发取得突破的区域仅局限于四川盆地内的海相页岩局部地层，包括中石化重庆涪陵区块、中石油四川长宁—威远和昭通等区块，其他区域的海相页岩地层及广泛分布的陆相地层和海陆相过渡页岩地层尚未取得突破，未形成商业化产能。我国页岩气勘探开发仍面临许多问题，主要表现在资源量待落实、勘探权待完善、地质地表条件复杂、技术和装备水平待提高、开发成本待降低、基础设施待完善和资料共享和信息公开制度待建立等几个方面。

（1）页岩气可采资源量有待进一步落实

实现我国页岩气大规模开发，需要精确和详细的地质资料作为支撑，以降低企业开发的勘探风险和成本。当前国内外研究机构发布的我国页岩气资源数据，无论是在资源总量还是技术可采资源量上都存在较大差异，说明我国页岩气资源情况尚未完全掌握清楚，有待进一步落实。可采资源量的进一步落实，也有利于企业参与勘探开发的积极性。

（2）矿业权市场有待进一步完善

我国页岩气勘探开发竞争不足，这与我国页岩气矿业权市场不够完善有很大关系。我国页岩气有利区矿权多与已登记的常规油气矿权重叠，很难发挥页岩气作为独立矿种的优势。此外，矿业权市场的页岩气招标制度不完善，虽然国土资源部已进行了页岩气勘探开发两轮招标，但是由于出让的招标区块资源性较差，在国内外油气价格大幅走低的情形下，企业参与的积极性不高，且招标采用的是国际通行的风险招标，导致企业中标价格远高于风险合同，不利于我国页岩气的勘探开发。

（3）页岩气地质地表条件复杂，勘探开发难度大

与美国海相页岩沉积、页岩气藏埋深较浅（1 500～3 500 m）、产层厚度大、地下构造简单不同，我国页岩地质条件复杂，海相、海陆过渡相和陆相页岩具有发育；页岩气藏埋深较深，65%以上超过 3 500 m，部分页岩储层埋深超过 5 000 m；地下构造破碎，缺乏大面积的稳定区；而且我国页岩气具有多层系分布、多种成

因类型（热成因和生物成因等）、复杂的后期改造等特点，使我国页岩气勘探开发难度加大。此外，与美国页岩气主要分布在平原区、地势相对平坦不同，我国页岩气主要分布中西部山区、丘陵地带，地形复杂，地表条件差。美国相对简单的地表条件，可以大规模进行“工厂化”作业开采，而我国的地表条件不利于大规模进行“工厂化”作业，一定程度上也使我国页岩气勘探开发难度加大。

（4）核心技术和关键装备水平有待进一步提高

目前我国在重庆涪陵、长宁—威远、富顺—永川和昭通三大国家级页岩气示范区勘探开发过程中，初步形成了一系列适合我国页岩气资源开发的核心技术，包括资源评价技术、钻井技术和分段压裂技术等，但相关技术指标与美国相比还有一定的差距，如钻井周期长、自动化技术水平低和压裂周期长等。近年来，我国成功研制了压裂车、自然伽马测量仪、随钻感应电阻率测量仪、桥塞等关键装备，但装备在可靠性、时效性及测量精度方面和国外先进水平还有差异，装备性能仍有待提高。

（5）页岩气开发项目初期成本较高

目前我国页岩气开发整体还处于探索和起步阶段，页岩气地质基础工作和地质理论研究还比较薄弱，地质地表条件复杂，核心技术和关键装备水平还有待提高，导致我国页岩气开发成本还比较高，初始水平井建井成本都在 1 亿元左右。近年来，随着核心技术和关键装备水平的日益提高，成本有所降低，水平井建井成本控制在 7 000 万元左右，但仍然高于国外水平井 4 000 万元左右的成本。

（6）输送管道等基础设施不完善

相比美国地面设施完备、输气管道遍布全国，我国地面设施还不够完备，天然气管网不够发达。截至 2015 年年底，我国输气管道总长度约为美国的 1/7，且输气能力有限。我国页岩气资源多集中在中西部地区，管网建设难度大、成本高。运输管道等基础设施的不完善，限制了页岩气的产能，不利于页岩气的外输和下游市场的有效开发。

（7）资料共享和信息公开制度亟待建立

通过页岩气开发资料的共享和信息透明公开，美国推动页岩气田开发少走了不少弯路，加快推进了页岩气的勘探开发。我国尚未建立资料共享制度，地质资料由少数页岩气开发公司掌握。页岩气勘探开发信息公开制度也未建立，勘探开发资料大都掌握在国土资源部和国有大型石油公司手里。国土资源部发布的信息不全面且比较分散；而国有大型石油公司较为熟悉开发区块条件，但核心资料却相当保密。为加速我国页岩气勘探开发，资料共享和信息公开制度亟待建立。

3.4　本章小结

本章分析了我国页岩气资源分布与开发潜力、页岩气勘探开发进展和页岩气勘探开发面临的问题：

①我国页岩气分布面积广、资源潜力大。页岩气主要分布在上扬子及滇黔桂区、华北及东北区、西北区和中下扬子及东南区。从各机构公布的资源评价结果来看，我国页岩资源量为134.42万亿 m^3，技术可采量为11.5万亿～45万亿 m^3，资源潜力较大。

②与美国和加拿大相比，我国页岩气勘探开发起步较晚，但进展较快。目前，中石化的重庆涪陵、中石油的长宁—威远、富顺—永川和昭通区块取得了重大进展。我国建成了重庆涪陵国家级页岩气示范区、长宁—威远国家级页岩气示范区、滇黔北昭通国家级页岩气示范区和延安国家级陆相页岩气示范区四个国家级页岩气示范区。总体上，我国页岩气勘探开发处于起步和示范阶段。

③页岩气勘探开发仍面临许多问题，包括页岩气资源可采资源量有待进一步落实、矿业权市场有待进一步完善、页岩气勘探开发难度大、核心技术和关键装备水平有待进一步提高、页岩气开发项目初期成本高、运输管道等基础设施不完善、资料共享和信息公开制度亟待建立等。

第4章 页岩气开发项目经济性评价研究

本章首先在页岩气开发流程的基础上，探索构建了页岩气开发项目经济性评价体系；其次以重庆某区块开发为案例，分析了页岩气开发项目的各项成本与效益；最后分析了页岩气井开发成本、初始产量、页岩气价格等不同开发条件，以及页岩气开发项目的经济性及其影响因素。

4.1 页岩气开发流程

页岩气的开发流程主要包括勘探权等购置权获取、资源勘探评价、钻井开采和运输销售等阶段，其中钻井开采阶段又可分为钻井工程、试气工程和地面工程等。页岩气开发流程如图 4-1 所示。

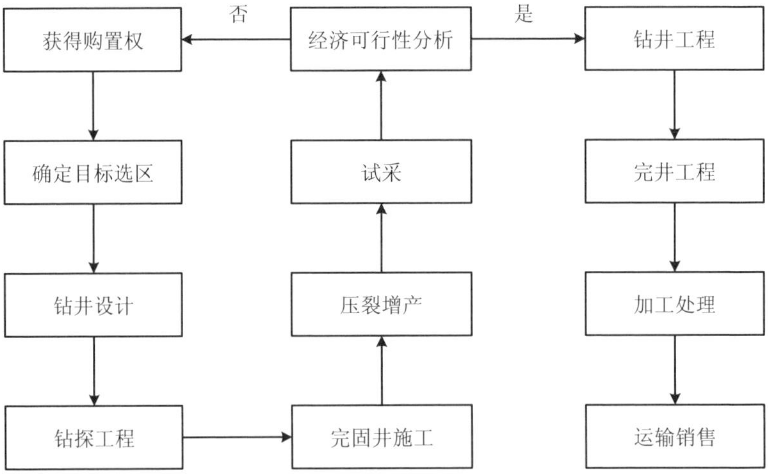

图 4-1 页岩气开发流程

在进行页岩气开发之前，需首先获得页岩气勘探权和采矿权等购置权，才能进行页岩气的开发；其次要进行页岩气勘探，对页岩气资源进行评价，页岩气勘探主要分为两个步骤：第一，利用地球物理探测技术确定目标选区相关地质信息；然后通过参数井或测试井获得储层物性、压力等资料，初步评估页岩气资源的生产潜力。第二，进行单井试采，获得气井压力和产气量等较为可靠的资料，如果具有经济性，就可以进入开发阶段。页岩气的钻完井开发主要包括页岩气的钻井工程、完井工程和地面工程等主要工程以及其他辅助工程。

4.2 页岩气开发项目经济性评价体系

页岩气开发项目的经济性评价，可为页岩气开发投资提供科学合理的决策依据，并为政府制定页岩气资源税费和补贴等相关政策提供参考。《建设项目经济评价方法与参考》（第三版）中的经济评价包括财务分析和经济费用效益分析。当前国内外在研究页岩气开发项目经济性方面大都采用财务分析的方法。本书所做的经济性分析是基于单井的财务分析，基于单井的财务分析可为企业优化投资决策，特别是当前企业勘探开发页岩气积极性不高，更需要进行财务分析。财务分析与费用效益分析的不同在于，在成本方面需要考虑税费，在效益方面需要考虑补贴。

目前，我国还没有形成一个完善的页岩气成本核算体系。学者们在分析页岩气开发经济性时，将页岩气生产开发划分为不同的成本构成。陈广仁等（2013）将页岩气单井成本划分为征地借地费、地质调查费、技术使用费、许可及评估费、钻井工程费、录井及测试井费、完井工程费（射孔和压裂）等。高世葵等（2014）将页岩气成本划分为开发成本、操作成本和税费成本，其中土地征用、开采设备、管道建设、钻完井成本合并到开发成本中。Yuan 等（2015）和 Xia 等（2015）将页岩气成本划分为购置成本、勘探成本、开发成本、经营成本和税费成本。

综合相关文献资料，本书将页岩气单井开发成本划分为购置成本、勘探成本、开发成本、经营成本、税费成本和环境成本六个部分。购置成本和勘探成本一般被作为沉没成本，但由于购置成本和勘探成本会影响页岩气开发的经济性评价的准确度，因此本书将两者包含在研究中。此外，考虑到页岩气开发过程中环保的重要性，本书也将环境成本包含在研究中。

页岩气开发项目的效益与页岩气产量、页岩气价格、页岩气补贴和页岩气商品率有关。对于固定资产残值和流动资金回收，借鉴国外页岩气经济评价时的做法，在预测现金流入时本书暂未考虑。页岩气开发项目经济评价流程见图4-2。

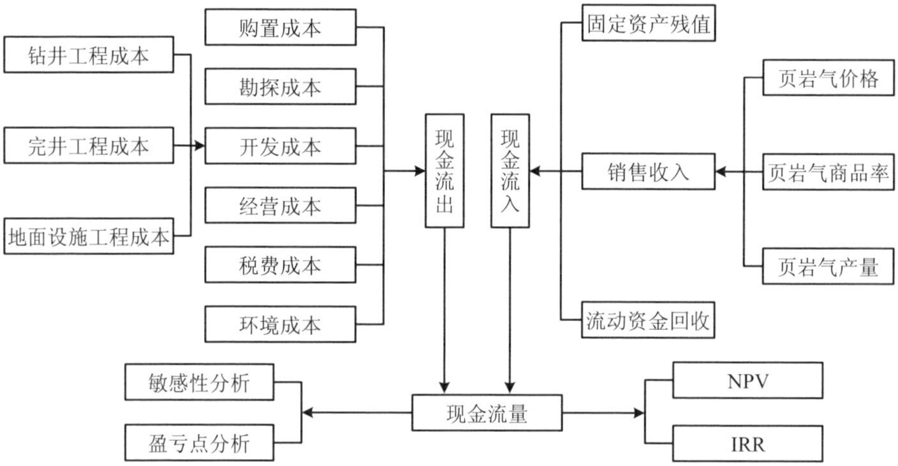

图 4-2 页岩气开发项目经济评价

4.3 页岩气开发经济性评价体系中经济性参数分析

页岩气开发经济性参数主要包括各项成本和效益，下面将对页岩气开发各成本和影响效益的产量、价格与补贴等逐个进行分析。

4.3.1 页岩气开发成本分析

（1）购置成本

购置成本一般包括勘探权费用、采矿权费用和占地成本（租赁成本）。

在我国，油气等矿业资源的所有权都属于国家，勘探权是国家实行矿业权有偿取得制度的组成部分。当前我国实行的勘探权使用费制度是按年度、按面积收取费用。为了维护国家对矿产资源的所有权，避免占用矿地面积过大和时间过长，国家设置了勘探权使用费（施骋，2015）。

采矿权是指在法律允许范围内的法人或其他组织，对国家所有的矿产资源占有、开采和收益的一种权利（刘琴，2013）。

页岩气开发占地成本分为永久占地成本和临时占地成本两部分。永久占地主要是井场占地，包括井口和相关设施；临时占地包括作业井场（废水池、压裂池和放喷池等）、道路（进场道路及施工便道）和生活区等。以重庆某开发区块为例，一般一个平台占地面积在 17 000 m^2 左右，其中永久占地面积约 5 600 m^2、临时占地面积约 11 400 m^2，钻井工程完成后，按一个平台布置 4 口井计算，则单井井口和相关设施永久占地约 1 400 m^2、临时占地面积 2 850 m^2。永久占地补偿费标准为 15 000 元/亩、临时占地补偿标准为 2 000 元/亩，则页岩气单井占地成本为 40 050 元。

$$C_{购置}=C_{勘探}+C_{采矿}+C_{占地} \tag{4-1}$$

$$C_{占地}=C_{永久}+C_{临时} \tag{4-2}$$

式中，$C_{购置}$——购置成本；

$C_{勘探}$——勘探权费用；

$C_{采矿}$——采矿权费用；

$C_{占地}$——占地成本；

$C_{永久}$——永久占地成本；

$C_{临时}$——临时占地成本。

为了加速开发页岩气，当前我国不收取页岩气的勘探权和采矿权费用，因此页岩气的购置成本主要是占地成本。

（2）勘探成本

页岩气勘探是为了识别勘探区域或探明页岩气储量而进行的地质调查、地球物理勘探、钻探活动以及其他相关活动，页岩气勘探直接影响页岩气开发的成败。

页岩气勘探成本是指为探明页岩气储量而进行的地质调查、地球物理勘探、钻探活动以及其他相关活动所发生的费用。页岩气勘探成本一般包括二维地震勘探成本，三维地震勘探成本，与探井井数、探井平均进尺和单位进尺成本有关的探井费用和其他费用等（吴艳婷等，2015）。其中地震勘探成本与地震勘探面积和单位面积成本有关；其他费用包括辅助工程费用和地质综合研究费用。页岩气的勘探成本因不同区块的地质复杂程度不同而不同，对于重点地区的地质调查勘探，每平方千米需要花费上千万元，勘探成本较高。

$$C_{勘探}=C_{地震勘探}+C_{探井}+C_{其他} \quad (4\text{-}3)$$

$$C_{地震勘探}=C_{二维地震}+C_{三维地震} \quad (4\text{-}4)$$

$$C_{探井}=C_{单位进尺}\times L_{单井进尺}\times N_{探井数量} \quad (4\text{-}5)$$

式中，$C_{勘探}$——勘探成本；

$C_{地震勘探}$——地震勘探成本；

$C_{探井}$——探井费用；

$C_{其他}$——其他费用；

$C_{二维地震}$——二维地震勘探成本；

$C_{三维地震}$——三维地震勘探成本；

$C_{单位进尺}$——探井单位进尺成本；

$L_{单井进尺}$——探井单井进尺；

$N_{探井数量}$——探井数量。

当前准确测算页岩气勘探成本存在一定的难度，结合重庆调研页岩气勘探总成本和勘探井数量、相关人员访谈以及相关文献资料，粗略估算重庆每口井的页岩气勘探平均成本约 270 万元。

（3）开发成本

页岩气开发成本主要由钻井工程成本、完井工程成本和地面设施工程成本三部分组成。

1）钻井工程成本

页岩气钻井工程主要包括钻井和固井两部分。总体来说，页岩气钻井过程中，首先利用传统的直井钻井技术钻入含有页岩气的地层中，当钻机触及地下页岩时，钻头转向水平，开凿出水平井，水平井横贯储藏有天然气的页岩层。钻井过程中固井作业也很重要，固井的目的是封隔疏松易塌、易漏地层，同时封隔页岩气和水层，防止互相串漏，形成页岩气通道。当钻井达到各段预定深度之后，下入套管并注入水泥浆，至水泥浆返回至地面，这样套管和井壁之间形成环形作业空间。

以重庆某区块页岩气开采为例，页岩气开采采用“导管+三段式”钻井工艺，其中导管段、一开及二开直井段采用清水钻井工艺，二开斜段采用水基钻井液钻井工艺，三开采用油基钻井液钻井工艺。首先，采用直径为 609.6 mm 的钻头进行清水钻井，当遇到地下浅表层溶洞和暗河后，收起钻头，下入直径为 473.1 mm 的导管，并用水泥固井封至地面，封隔地下浅表层溶洞和暗河；然后继续钻井，一开采用直径为 406.4 mm 的钻头清水钻工艺钻井，达到浅层地下水系的深度之后，收起钻头，下入直径为 339.7 mm 的表层套管，并用水泥固井封至地面，完全隔开井眼工作环境与浅层地下水系；继续钻井，二开采用直径为 311.2 mm 的钻头无害水基钻井液工艺钻井，达到一定深度之后，收起钻头，下入直径为 244.5 mm 的技术套管，并用水泥固井封至地面，隔开上部地层和目的层段；继续钻井，三开采用直径为 215.9 mm 的钻头油基钻井液工艺钻井，达到完井深度之后，收起钻头，下入直径为 139.7 mm 的生产套管，并用水泥固井封至地面。页岩气开发钻井过程见图 4-3。

图 4-3　页岩气开发钻井过程示意

钻井工程成本包括钻机等主要设备损耗、钻井液消耗、固井水泥浆消耗和人工等各项成本。一般情况下，钻井工程成本是页岩气开发成本中最大的一部分。前已述及测算页岩气钻井成本的主要方法包括成本叠加法、单位长度法、每日成本法、成本模型法和概率法。每日成本法相对容易计算，考虑到整体钻井成本被分配到每日，此方法通常相对精确。本书采用每日成本法加钻井深度法测算重庆页岩气单井钻井成本。一般设备损耗、材料消耗和人员费每天的费用大约是 2.5 万元，重庆涪陵单井钻井周期按 80 天计算，其中导管段 4 天、一开钻井时间 13 天、二开钻井时间 34 天、三开钻井时间 29 天。单位钻井成本从 2013 年的 9 100 元/m 左右到目前的 7 200 元/m 左右，以 4 100 m 的井深测算，则总钻井成本约为 3 150 万元。

$$钻井总成本=每日费用\times钻井周期+每米成本\times钻井深度$$

2）完井工程成本

完井工程成本主要是射孔成本和压裂成本。

射孔是采用比较重的泥浆作为压井液，将射孔枪用电缆送到井下目的层，引爆射孔枪。射孔后，采用盐酸作为前置酸对地层进行处理，起到减压、解堵的作用。

压裂是用高压水的压力将页岩气目标地层压开几条水平和垂直的裂缝，并用支撑剂将裂缝支撑起来，从而在地层内形成具有导流能力的填砂裂缝。待一段压裂完成后，向井下放置桥塞，重复上段压裂过程，直至压裂全部水平井段（何凌，2017）。

射孔成本，单口页岩气井的射孔成本大约是 200 万元。

压裂成本是页岩气开发的另一个重要成本。前已述及测算页岩气压裂成本的主要方法包括成本叠加法、单位成本法和成本模型法。本书采用单位成本法中的单位压裂段数法测算页岩气井的压裂成本。

单井射孔成本大约 200 万元，单位压裂成本已从 2013 年的 190 万元左右/段下降到目前的 175 万元左右/段，压裂段数按平均 15 段计算，则总完井成本约 2 825 万元。

完井总成本=射孔成本+每段压裂成本×压裂段数

3）地面设施工程成本

地面设施工程包括钻井平台、天然气集输工程、供水工程、道路工程和供电工程等。集输工程又包括集气站、集气干线、集气支线、采气管线和脱水站等。前已述及测算页岩气地面工程成本的主要方法包括成本叠加法、单位成本法、成本分配法、成本模型法和概率法。本书采用成本分配法，初步测算地面设施工程成本约为 1 025 万元。

页岩气钻井工程成本、完井工程成本和地面设施成本总计约 7 000 万元。

4）通过建立学习曲线，实现开发成本下降

相比初期建井开发成本动辄上亿，目前成本已有较大幅度下降。成本下降较快，主要在于页岩气勘探开发公司以学习曲线理论为指导，持续开展钻井和压裂工程技术优化和成本分析，针对影响学习曲线效应的关键因素，采取递进式优化改进，有效推动了生产效率提升和成本下降（王志刚，2014）。

页岩气勘探开发公司从技术优化、管理创新和作业模式改进等三个方面着手实现开发成本的下降。技术优化方面，通过总结前一轮钻井和压裂等实施情况、问题与潜力，找出影响学习效应的关键因素，在实施下一轮钻井和压裂时采取优化措施；注重钻井一体化设计、运行，促进整体学习效应提升。管理创新方面，建立油公司组织机构，推行市场化运作，实施项目化管理和完善制度化体系；注重建立标准化体系，促进学习曲线效应的发挥。作业模式改进方面，推行“井工厂”施工模式，采用可移动钻机，不断探索完善高山复杂地表条件下的“井工厂”钻井、压裂施工模式，大幅提升设备利用率和生产时效。通过三方面的改进，取得了明显效果。

①钻井学习曲线

页岩气开发经过六轮钻井，钻井周期逐步降低，从第一轮钻井的 91 天下降到第六轮钻井的 58.3 天。钻井学习曲线效果显著，见图 4-4 和图 4-5。

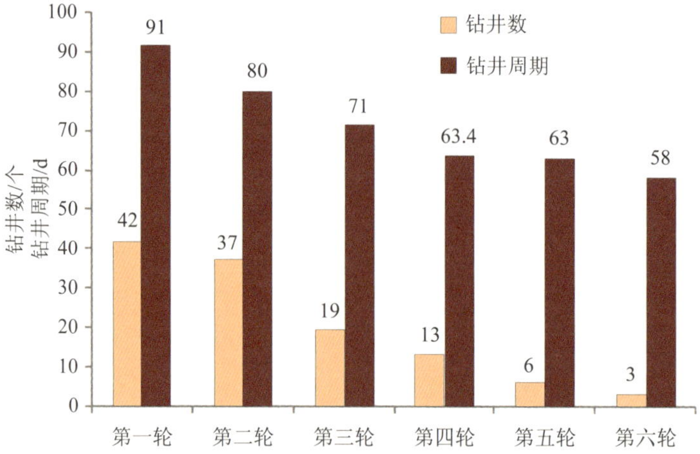

图 4-4 页岩气六轮钻井周期

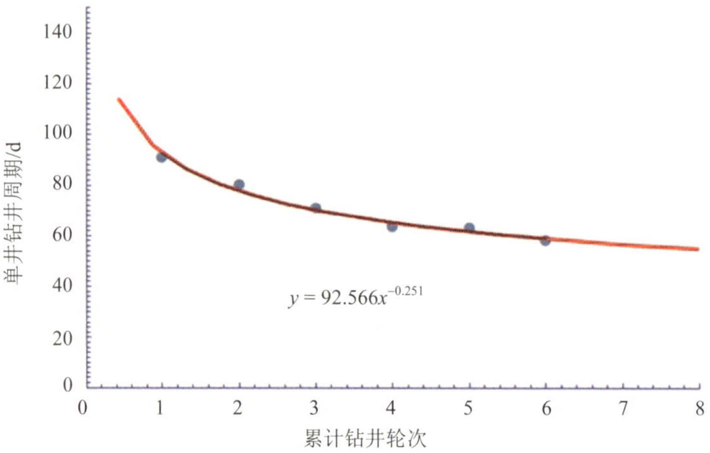

图 4-5 单井钻井周期学习曲线

从钻井速度看，导管机械钻井速度从 2013 年的 1.23 m/h 增加到 2015 年的 5.06 m/h；一开机械钻井速度从 2013 年的 5.05 m/h 增加到 2015 年的 13.91 m/h；二开机械钻井速度从 2013 年的 3.6 m/h 增加到 2015 年的 6.91 m/h；三开机械钻井速度从 2013 年的 7.56 m/h 增加到 2015 年的 8.18 m/h，见表 4-1。

表 4-1　页岩气井各钻井段钻井速度　　单位：m/h

钻井	2013 年	2014 年	2015 年
导管机械钻井	1.23	2.53	5.06
一开机械钻井	5.05	11.69	13.91
二开机械钻井	3.6	6.57	6.91
三开机械钻井	7.56	8.5	8.18

资料来源：重庆某页岩气勘探开发公司提供。

②压裂费用学习曲线

第一轮钻井涪页压裂单段投资成本约为 515 万元，第二轮钻井元页压裂单段投资成本约为 341 万元，第三轮钻井焦页压裂单段投资成本约为 298 万元。页岩气压裂费用和学习曲线分别见图 4-6 和图 4-7。

预计“十三五”末，通过钻井和压裂技术进步、可移动钻进等作业模式的改进和商业模式的创新等，页岩气开发成本将降至目前成本水平的 70%左右，即 5 000 万元左右。

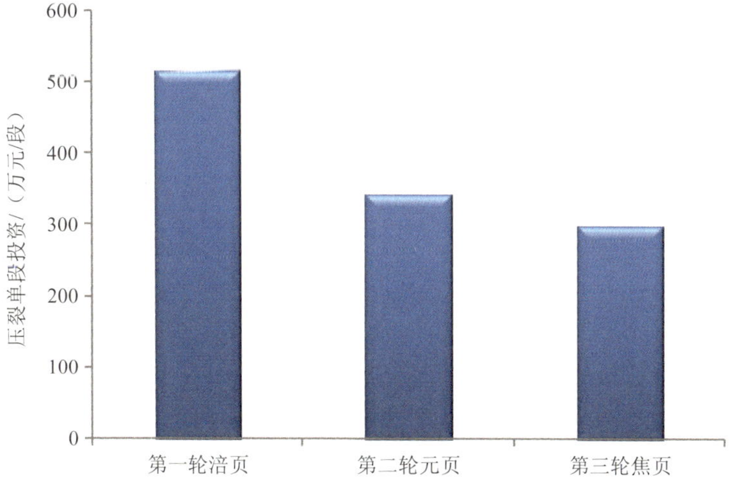

图 4-6　页岩气压裂费用

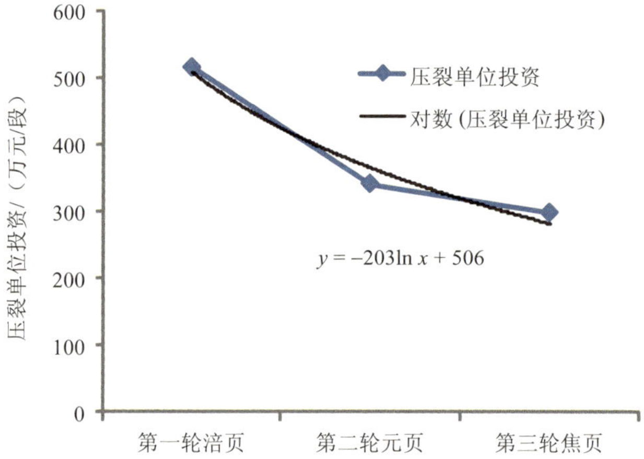

图 4-7　压裂费用学习曲线

资料来源：王志刚. 应用学习曲线实现非常规油气规模有效开发[J]. 天然气工业，2014，34（6）：1-8。

（4）经营成本

页岩气开发项目的经营成本主要与产出费用和经营费用有关。经营成本是随时间和产量变化的成本。前已述及测算页岩气经营成本的主要方法包括成本叠加法、单位成本法、百分比法、固定成本加可变成本法和概率法。固定成本和可变成本的综合成本方法可以得到一个相对较为精确的结果。本书参考 Yuan 等（2015）的研究成果，采用综合成本法估算了经营成本。固定作业成本包括气井维护费、人工费和管理费等，单井固定成本平均约 79 660 元。可变成本包括生产过程中的净化成本和后期的销售费用等，与产量有很大关系。

经营总成本=固定成本+单位产量可变成本×页岩气产量

经营总成本=79 660（元）+ 0.367 2（元/m^3）×页岩气产量（m^3）

（5）税费成本

当前我国对油气开采和销售征收的税费项目包括增值税、资源税、企业所得税、城市维护建设税和教育附加费。当前页岩气开发暂未征收城市维护建设税和教育附加费，具体税率见表 4-2。

页岩气开发项目税费成本：

$$C_{税费成本} = C_{增值税} + C_{资源税} + C_{企业所得税} \quad (4\text{-}6)$$

$$增值税 = 销售收入 \times 0.11$$

$$企业所得税 = （总现金流入 - 经营成本）\times 0.15$$

$$资源税 = 销售收入 \times 0.053\,9$$

式中，$C_{税费成本}$——税费成本；

$C_{增值税}$——增值税；

$C_{资源税}$——资源税；

$C_{企业所得税}$——企业所得税。

表4-2　页岩气开发税收种类和税率

税收名称	页岩气开发税率/%
增值税	11
资源税	5.39
企业所得税	15（西部优惠税率）
城市维护建设税	7（暂未征收）
教育附加费	5（暂未征收）

数据来源：重庆某页岩勘探开发公司提供整理。

（6）环境成本

本节所指的环境成本主要指企业的内部环境成本，而未考虑外部环境成本（页岩气开发利用的外部环境成本将在下面章节进行具体分析）。环境成本主要包括钻井废水处理和利用成本、压裂返排液无害化治理成本、生活污水和生活垃圾处理成本、减震隔声降噪等措施成本、普通钻井岩屑及沉淀污泥处置成本、油基岩屑处理成本、生态恢复成本和环境风险防范成本，具体见表4-3。

表 4-3 页岩气单井开发环境成本 单位：万元

措施名称	效果分析	投资金额
钻井废水处理及利用	满足压裂用水要求	22
压裂返排液无害化治理	满足压裂用水要求	15
生活污水处理	定期清掏农用，不外排	3
减震、隔声、降噪和功能置换措施	最大限度地降低噪声源源强	10
普通钻井岩屑及沉淀污泥处置、油基岩屑处理	满足国家规定要求	60
生活垃圾处理	减轻对环境的污染	0.3
生态恢复	恢复固化后的地表植被	12
环境风险防范	严格按照要求，防范各种风险	12
投资合计		134.3

数据来源：中煤科工集团重庆设计研究院有限公司，某页岩气开采环评报告[Z]. 内部资料，2016.

（7）总成本

页岩气开发项目总成本为以上六部分成本之和。即

总开发成本=购置成本+勘探成本+开发成本+经营成本+税费成本+环境成本

4.3.2 页岩气开发效益分析

（1）页岩气单井产量分析

对于页岩气开发项目，产量的预测是至关重要的。

前已述及关于页岩气产量的预测方法主要包括产量模拟分析和产量递减曲线分析两种。在预测页岩气产量时，国外一般采用的递减曲线，分为三种：指数递减、双曲线递减和双曲线递减后指数递减。我国页岩气地质、页岩气储层储量、物性等与国外有较大差别，中石化重庆页岩气勘探开发有限公司根据页岩气生产井页岩气递减的规律，得到符合重庆页岩气井的递减曲线。重庆页岩气井递减规律与国外的三种典型曲线并不相符，重庆页岩气井递减规律为对数递减（沈金才和刘尧文，2016）。

根据递减规律的不同，涪陵页岩气井具体有三种递减公式，分别为：

$$A_{50}：Y = -0.124\ln X + 1.2263$$

$$A_{30}：Y = -0.136\ln X + 1.1032$$

$$A_{20}：Y = -0.122\ln X + 0.9286$$

其中，A_{50} 是第一年产量递减 50%；A_{30} 是第一年产量递减 70%；A_{20} 是第一年产量递减 80%。Y 表示相比初始产量，年页岩气产气量比例；X 表示时间，单位一般为年。A_{30} 典型曲线为重庆涪陵某区块页岩气井最大分布概率的产量递减典型曲线。因此，本书在分析重庆页岩气单井产量时主要参考此产量递减典型曲线，并结合 A_{50} 和 A_{20} 曲线得到涪陵页岩气单井递减曲线，见图 4-8。

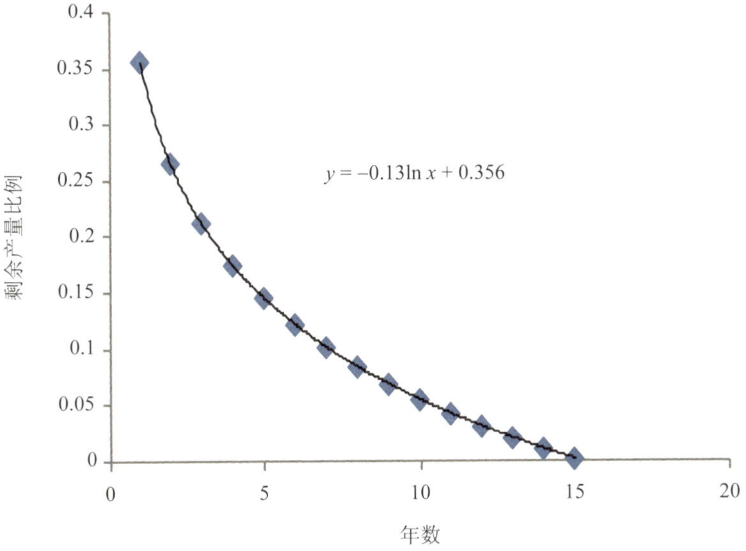

图 4-8　重庆涪陵页岩气井产量递减曲线

截至 2016 年，重庆试气的 256 口井试气初始每日产量分布见图 4-9，从图中可以看出约 3%的井初始试气产量＞$100\times10^4\,m^3/d$，约 6%的井初始试气产量为 80×10^4～$100\times10^4\,m^3/d$，约 11%的井初始试气产量为 60×10^4～$80\times10^4\,m^3/d$，约 34%的井初始试气产量为 30×10^4～$60\times10^4\,m^3/d$，约 46%的井初始试气产量＜$30\times10^4\,m^3/d$。单井平均测试产量大约为 $26\times10^4\,m^3/d$，平均试气初始产量为 $32.99\times10^4\,m^3/d$。

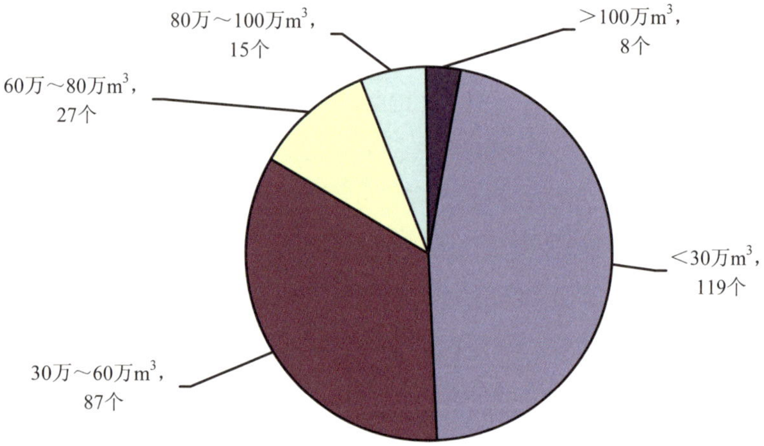

图 4-9 重庆初始每日产量分布

资料来源：重庆某页岩气勘探开发公司提供数据整理。

因此，本书根据页岩气初始产量将重庆页岩气井划分为 5 类：P10、P30、P60、P80 和 P100。P10 是初始每日产量 10 万 m^3；P30 是初始每日产量 30 万 m^3；P60 是初始每日产量 60 万 m^3；P80 是初始每日产量 80 万 m^3，P100 是初始每日产量 100 万 m^3。根据 5 类页岩气井结合页岩气井递减规律得到页岩气井年产量见图 4-10，最终总产量见表 4-4。

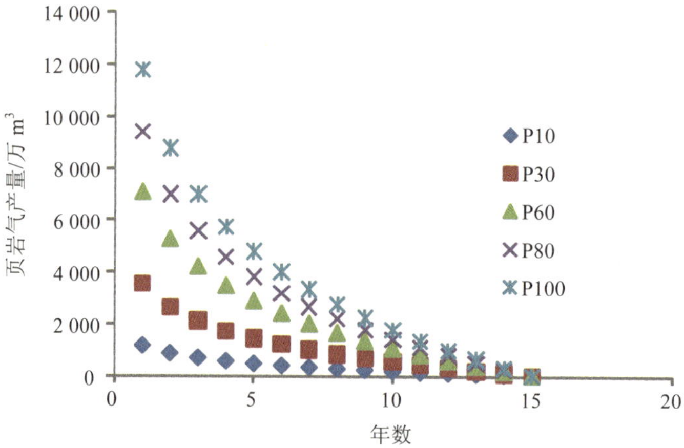

图 4-10 页岩气井年产量变化

表 4-4　页岩气井最终可采储量（EUR）　单位：10^4m^3

序号	初始每日产量	最终页岩气产量
P10	10	5 561
P30	30	16 684
P60	60	33 368
P80	80	44 490
P100	100	55 613

（2）页岩气价格分析

前已述及，国外在测算页岩气开发项目经济性时，页岩气的价格一般采用 4 种价格变化方式：一是固定价格不变；二是线性价格增长；三是指数价格增长；四是对数价格增长。

我国天然气价格市场不同于国外天然气价格市场，采用以上 4 种价格测算页岩气开发项目经济性，会带来结果的不准确性。近年来，我国进行了一系列天然气价格改革，使得页岩气价格变化存在不确定性。

2011 年以前，我国天然气价格一直采用成本加成价格。成本加成价格构成见图 4-11。2011 年广东、广西试行“市场净回值法”和 2013 年全国全面推行“市场净回值法”。随后，我国又进行了一系列天然气价格改革，2013 年 6 月，非居民用天然气价格调整区分存量气和增量气；2013 年 7 月，存量气门站价格每立方米提价幅度最高不超过 0.4 元；2015 年 1 月，上海石油天然气交易中心成立；2015 年 4 月，非居民用存量气和增量气门站价格实现并轨；2015 年 11 月非居民用气最高门站价格每千立方米降低 700 元；2017 年 9 月 1 日，非居民用天然气基准门站价格每千立方米降低 100 元。可以看出在 2015 年调整价格之前，我国天然气一直处于价格上升趋势，2015 年至今价格持续下调。未来我国天然气（页岩气）价格与我国进行的天然气价格相关改革具有很大的关系。预计“十三五”时期我国将基本形成由市场决定的天然气价格机制。

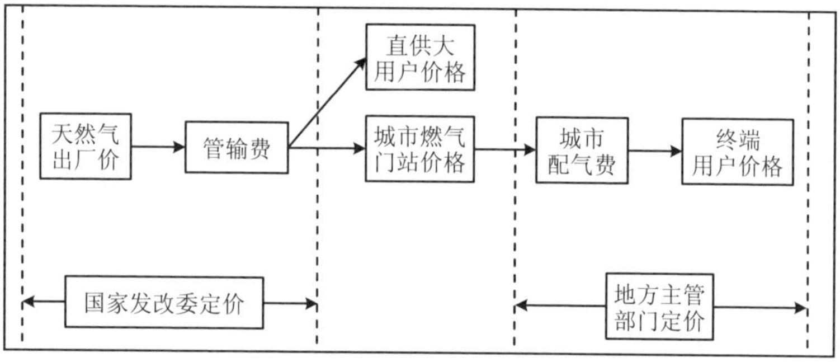

图 4-11 我国天然气成本加成价格构成

根据重庆调研资料，当前重庆某页岩气勘探开发公司输送给中石化天然气销售公司的价格是 1.35 元/m^3，中石化再进行销售的价格是 1.59 元/m^3，重庆页岩气主要输送到华东市场，最远到上海。根据 2017 年 9 月 1 日，非居民用天然气基准门站价格调整后，上海非居民用天然气基准门站价为 2.08 元/m^3，去除重庆到上海管输费 0.4 元/m^3，则页岩气最高销售价格为 1.68 元/m^3。因此，页岩气的价格区间为 1.35～1.68 元/m^3。未来天然气价格将随着我国天然气改革和市场化进行波动，价格难以预测。本书采用当前 1.59 元/m^3 销售价格进行测算，考虑到物价上涨，页岩气价格以每年 2%提高。

$$页岩气价格 = 页岩气初始年价格 \times 1.02^{(t-1)}$$

其中 t 表示时间，单位为 a。

（3）页岩气补贴

2012 年，财政部和国家能源局出台了页岩气开发利用补贴政策，补贴标准为 0.4 元/m^3。2014 年，我国页岩气产量有了大幅增长，特别是重庆某区块进展迅速。财政部和国家能源局决定根据产业发展、技术进步、成本变化等因素对页岩气补贴政策适时进行调整。“十三五”期间，国家继续对页岩气实施财政补贴政策，但在现有标准下呈现阶梯式下调。2012—2020 年我国页岩气补贴标准见图 4-12。未来，关于页岩气补贴考虑两种情景，一种是“十四五”国家继续对页岩气实施财政补贴政策，并维持补贴标准为 0.2 元/m^3；另一种情景是“十三五”之后不再进行补贴。

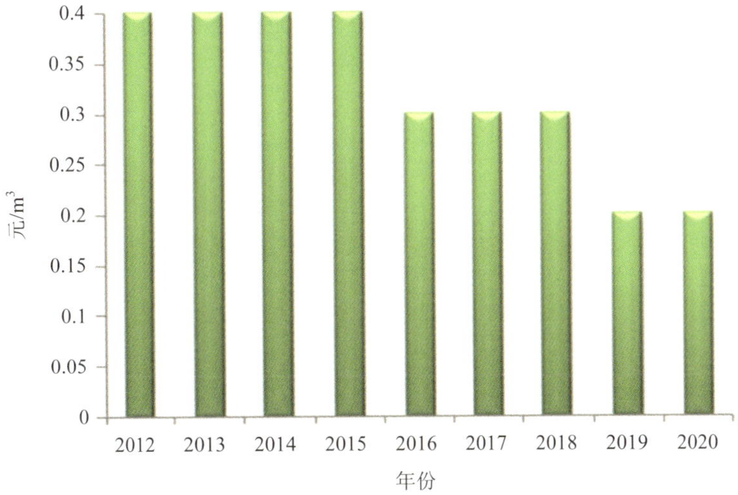

图 4-12　2012—2020 年我国页岩气补贴标准

（4）页岩气开采商品率

页岩气开采商品率反映了页岩气产量与商品量之间的关系。页岩气产量是指从井口产出的全部气量，包括放空气量、就地利用气量和进入下游应用的气量等。页岩气商品量是指页岩气经过中游管网和 LNG 货运等运输方式，以气态或液态形式送达到页岩气用户手中被消费利用的气量，即从页岩气产量中扣除损耗量部分后可供销售的气量。

$$页岩气商品率=页岩气销售量/页岩气产量$$

页岩气商品率一般取 95%。

（5）页岩气开发项目总效益

页岩气开发项目的总效益等于页岩气价格、页岩气产量和页岩气商品率三者的乘积，加上页岩气补贴价格与页岩气补贴量乘积，即

$$总效益 = 页岩气价格\times页岩气产量\times页岩气商品率+页岩气补贴价格\times页岩气补贴量$$

4.4 页岩气开发经济性及影响因素分析

4.4.1 经济性测算

本书采用 NPV 和 IRR 作为页岩气项目经济性分析的指标。

净现金流量=总效益–总成本

NPV 和 IRR 计算方法详见 2.1。参考相关文献，在研究中基准折现率一般取 10%。

（1）单井 NPV 分析

1）单井不同初始产量-气价-开发成本 NPV 分析

初始产量采用 P10、P30、P60、P80 和 P100 五个资源等级；气价采用 1.35 元/m^3、1.59 元/m^3和 1.68 元/m^3 3 个价格；考虑到未来页岩气开发成本的下降空间，开发成本采用 3 000 万元、4 000 万元、5 000 万元、6 000 万元和 7 000 万元进行分析。初始产量-气价-开发成本 NPV 分析见表 4-5。

表 4-5 NPV（初始产量-气价-开发成本）分析

分组类别	气价/（元/m^3）	开发成本/万元				
		3 000	4 000	5 000	6 000	7 000
P10	1.35	284.56	–715.44	–1 715.44	–2 715.44	–3 715.44
	1.59	975.00	–25.00	–1 025.00	–2 025.00	–3 025.00
	1.68	1 233.91	233.91	–766.09	–1 766.09	–2 766.09
P30	1.35	7 796.99	6 796.99	5 796.99	4 796.99	3 796.99
	1.59	9 868.31	8 868.31	7 868.31	6 868.31	5 868.31
	1.68	19 065.64	18 065.64	17 065.64	16 065.64	15 065.64
P60	1.35	23 208.28	22 208.28	21 208.28	20 208.28	19 208.28
	1.59	24 761.77	23 761.77	22 761.77	21 761.77	20 761.77
	1.68	27 350.93	26 350.93	25 350.93	24 350.93	23 350.93

分组类别	气价/（元/m^3）	开发成本/万元				
		3 000	4 000	5 000	6 000	7 000
P80	1.35	26 578.07	25 578.07	24 578.07	23 578.07	22 578.07
	1.59	32 101.59	31 101.59	30 101.59	29 101.59	28 101.59
	1.68	34 172.92	33 172.92	32 172.92	31 172.92	30 172.92
P100	1.35	34 090.50	33 090.50	32 090.50	31 090.50	30 090.50
	1.59	40 994.91	39 994.91	38 994.91	37 994.91	36 994.91
	1.68	43 584.06	42 584.06	41 584.06	40 584.06	39 584.06

从表 4-5 中可以得出，当页岩气气价在 1.35 元/m^3 时，P10 井只有在开发成本小于 3 000 万元时，NPV＞0；而 P30 井、P60 井、P80 井和 P100 井，NPV＞0。当页岩气气价在 1.59 元/m^3 时，P10 井同样只在开发成本小于 3 000 万元时，NPV＞0，而 P30 井、P60 井、P80 井和 P100 井，NPV＞0。当页岩气气价在 1.68 元/m^3 时，P10 井在开发成本小于 5 000 万元时，NPV＞0，而 P30 井、P60 井、P80 井和 P100 井，NPV＞0。

2）单井资源税率调整的 NPV 分析

当前我国页岩气比照常规天然气征收资源税，而未考虑页岩气与常规天然气资源条件的差别。首先，当前资源税率未体现调节资源级差收入的作用，页岩气资源丰度远小于常规天然气资源丰度，其每平方千米的天然气资源量仅有常规天然气的 1/7～1/5；其次，由于页岩气开采难度大、开发技术尚未定型、开发投入高、风险大等原因，资源税率高将在一定程度上影响企业开发页岩气的积极性。

因此，未来我国政府有可能对页岩气资源税率进行相应调整，本书考虑三种情景下页岩气资源税调整对页岩气开发 NPV 的影响。情景一是保持现有资源税率情景；情景二是现有资源税率减半；情景三是现有资源税率减免。由上述盈亏点分析可知，P30、P60、P80 和 P100 在三种气价和五种开发成本下 NPV 均大于 0，本书仅分析 P10 资源等级在不同价价格和开发成本下，三种情景资源税调整对页岩气开发 NPV 的影响。页岩气 NPV 测算结果见表 4-6。

表 4-6 NPV（资源税-气价-开发成本）分析

分组类别	气价/（元/m³）	开发成本/万元				
		3 000	4 000	5 000	6 000	7 000
情景一	1.35	284.56	–715.44	–1 715.44	–2 715.44	–3 715.44
	1.59	975.00	–25.00	–1 025.00	–2 025.00	–3 025.00
	1.68	1 233.91	233.91	–766.09	–1 766.09	–2 766.09
情景二	1.35	437.11	–562.89	–1 562.89	–2 562.89	–3 562.89
	1.59	1 154.67	154.67	–845.33	–1 845.33	–2 845.33
	1.68	1 423.76	423.76	–576.24	–1 576.24	–2 576.24
情景三	1.35	589.67	–410.33	–1 410.33	–2 410.33	–3 410.33
	1.59	1 334.35	334.35	–665.65	–1 665.65	–2 665.65
	1.68	1 613.61	613.61	–386.39	–1 386.39	–2 386.39

从表 4-6 中可以得出，当页岩气气价在 1.59 元/m³ 时，在情景二（资源税减半）和情景三（资源税减免）下，开发成本在 4 000 万元时，P10 井 NPV＞0。

（2）单井不同初始产量-气价-开发成本 IRR 分析

本书选取页岩气基准价格 1.59 元/m³，单井初始产量 10 万 m³/d、12 万 m³/d、15 万 m³/d 和 20 万 m³/d，开发成本 3 000 万元、4 000 万元、5 000 万元、6 000 万元和 7 000 万元进行了页岩气开发 IRR 分析（表 4-7）。

表 4-7 不同单井初始产量和开发成本的 IRR 评价结果

单井初始产量/（万 m³/d）	开发成本/万元	IRR
10	3 000	13.97%
	4 000	3.37%
	5 000	–2.76%
	6 000	–6.88%
	7 000	–9.91%

单井初始产量/（万 m^3/d）	开发成本/万元	IRR
12	3 000	24.97%
	4 000	10.56%
	5 000	2.74%
	6 000	–2.31%
	7 000	–5.93%
15	3 000	45.76%
	4 000	22.79%
	5 000	11.53%
	6 000	4.69%
	7 000	0.01%
20	3 000	58.86%
	4 000	30.81%
	5 000	26.87%
	6 000	18.40%
	7 000	11.09%

不同页岩气开发成本和单井初始产量下 IRR 评价结果见表 4-7。陈明奇等（2013）探讨了页岩气开发项目所要求的基准收益率，认为在我国当前的油气行业财税政策环境下，页岩气行业基准收益率为 8%较合适。

①从表 4-7 中可以看出，单井初始产量为 10 万 m^3/d 时，仅当开发成本为 3 000 万元时，IRR 才大于 8%；进一步分析可知，页岩气开发成本控制在 3 483 万元以下，项目的 IRR 可以达到 8%。单井初始产量为 12 万 m^3/d 时，当开发成本为 3 000 万元和 4 000 万元时，IRR 才大于 8%；页岩气开发成本控制在 4 275 万元以下，项目的 IRR 可以达到 8%。单井初始产量为 15 万 m^3/d 时，当开发成本在 3 000 万元、4 000 万元和 5 000 万元时，项目的 IRR 可以达到 8%；进一步分析可知，页岩气开发成本控制在 5 463 万元以下，项目的 IRR 可以达到 8%。单井初始产量为 20 万 m^3/d 时，IRR 大于 8%。

②进一步分析，在当前气价 1.59 元/m^3 情况下，单井开发成本控制在 7 000 万元，单井初始日产气量需达到 13.08 万 m^3 以上，页岩气开发才能够实现 8%的基准收益率；单井钻完井成本控制在 5 000 万元，单井初始日产气量需达到 11.28 万 m^3 以上，页岩气开发才能够实现 8%的基准收益率；单井钻完井成本控制在 3 000 万元，单井初始日产气量需达到 8.48 万 m^3 以上，页岩气开发才能够实现 8%的基准收益率。

4.4.2 敏感性分析

本书在分析现金流量的基础上，以 NPV 作为经济指标进行各影响因素敏感性分析，并确定影响项目经济性的主控因素。通过页岩气气价、初始产量、开发成本、经营成本和资源税率参数值分别进行 20%、40%、60%的上下变化，计算 NPV 变化，页岩气开发经济参数敏感性分析见图 4-13 和表 4-8。

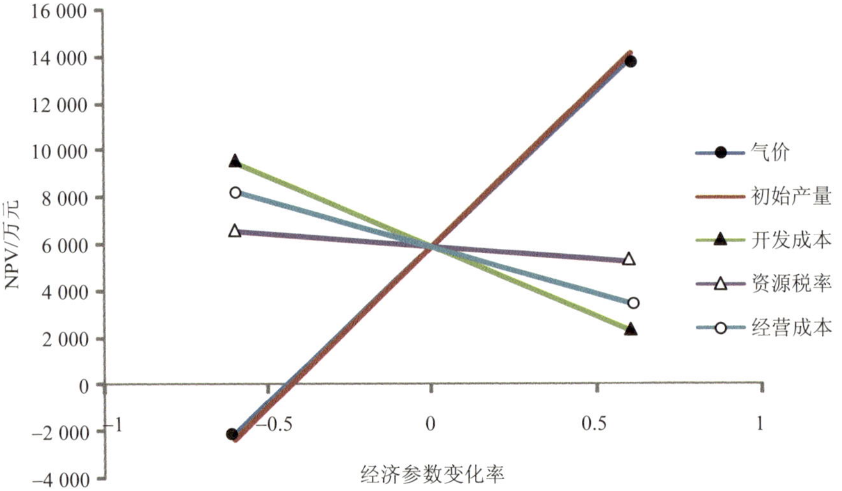

图 4-13 页岩气开发经济参数敏感性分析

表 4-8 页岩气开发经济参数敏感性分析（NPV 的变化） 单位：万元

经济参数变化率	气价	初始产量	经营成本	开发成本	资源税率
−0.6	−2 365.2	−2 135.7	8 209.4	9 468.3	6 515.1
−0.4	379.3	532.3	7 419.1	8 268.3	6 299.5
−0.2	3 123.8	3 200.3	6 628.7	7 068.3	6 083.9
0.0	5 868.3	5 868.3	5 868.3	5 868.3	5 868.3
0.2	8 612.8	8 536.3	5 048.1	4 668.3	5 652.7
0.4	11 357.3	11 204.3	4 257.7	3 468.3	5 437.1
0.6	14 101.8	13 872.3	3 467.4	2 268.3	5 221.5

从各影响因素的敏感性变化来看，页岩气价格和初始产量敏感性变化较大，开发成本和经营成本次之，资源税率影响最小。从各因素的影响程度来看，页岩气价格和初始产量对 NPV 的影响程度较大，分别达到 36.1%和 35.2%，其次是成本对 NPV 的影响达到 25.8%，其中开发成本的影响程度是 15.8%，经营成本的影响程度是 10%，资源税率对 NPV 的影响程度较小，仅有 2.8%。

4.4.3 盈亏点分析

通过上述分析可知，初始产量、气价和开发成本是影响页岩气开发项目经济性的主控因素。因此，本书根据初始产量、气价和开发成本的变化进行盈亏点分析。根据表 4-5 的结果，本书测算了页岩气开发成本和初始每日产量盈亏点（表 4-9 和表 4-10）。

（1）NPV 为 0 时，开发成本盈亏点分析

由前文分析可知，P30 井、P60 井、P80 井和 P100 井，NPV＞0，因此选择页岩气初始产量为 10 万 m^3/d 进行分析，当页岩气价格为 1.35 元/m^3 时，开发成本的盈亏点是 3 284 万元；当页岩气价格为 1.59 元/m^3 时，开发成本的盈亏点是 3 975 万元；当页岩气价格为 1.68 元/m^3 时，开发成本的盈亏点是 4 233 万元。

表 4-9 开发成本盈亏点

初始产量/（万 m^3/d）	页岩气价格/（元/m^3）	开发成本盈亏点/万元
10	1.35	3 284
10	1.59	3 975
10	1.68	4 233

（2）NPV 为 0 时，初始产量盈亏点分析

由前文分析可知，当开发成本在 3 000 万元时，各类别井都具有经济性，因此，本书选择开发成本为 4 000 万元、5 000 万元、6 000 万元和 7 000 万元进行分析。

①在当前气价为 1.35 元/m^3 时，开发成本 4 000 万元情况下，页岩气初始产量的盈亏点是 115 160 m^3/d；开发成本 5 000 万元情况下，页岩气初始产量的盈亏点是 124 200 m^3/d；开发成本 6 000 万元情况下，页岩气初始产量的盈亏点是 135 780 m^3/d；开发成本 7 000 万元情况下，页岩气初始产量的盈亏点是 147 350 m^3/d。

②在当前气价为 1.59 元/m^3 时，开发成本 4 000 万元情况下，页岩气初始产量的盈亏点是 104 590 m^3/d；开发成本 5 000 万元情况下，页岩气初始产量的盈亏点是 114 370 m^3/d；开发成本 6 000 万元情况下，页岩气初始产量的盈亏点是 124 150 m^3/d；开发成本 7 000 万元情况下，页岩气初始产量的盈亏点是 133 930 m^3/d。

③在当前气价为 1.68 元/m^3 时，开发成本 5 000 万元情况下，页岩气初始产量的盈亏点是 105 470 m^3/d；开发成本 6 000 万元情况下，页岩气初始产量的盈亏点是 114 840 m^3/d；开发成本 7 000 万元情况下，页岩气初始产量的盈亏点是 124 210 m^3/d。

表 4-10　初始产量盈亏点

页岩气井初始产量盈亏点/（m^3/d）	页岩气价格/（元/m^3）	开发成本/万元
115 160	1.35	4 000
104 590	1.59	4 000
124 200	1.35	5 000
114 370	1.59	5 000
105 470	1.68	5 000
135 780	1.35	6 000
124 150	1.59	6 000
114 840	1.68	6 000
147 350	1.35	7 000
133 930	1.59	7 000
124 210	1.68	7 000

4.5　本章小结

本章在页岩气开发流程的基础上，探索构建了页岩气开发项目经济性评价体系；以重庆为案例，分析了页岩气开发项目的各项成本与效益、经济性及其影响因素，并进行了敏感性和盈亏点分析。得到以下结论：

①重庆 5 个资源等级的页岩气井，当页岩气气价在 1.35 元/m^3 时，P10 井只有在开发成本小于 3 000 万元时，NPV＞0；而 P30 井、P60 井、P80 井和 P100 井，NPV＞0。当页岩气气价在 1.59 元/m^3 时，P10 井同样在开发成本小于 3 000 万元时，NPV＞0，而 P30 井、P60 井、P80 井和 P100 井，NPV＞0。当页岩气气价在 1.68 元/m^3 时，P10 井在开发成本小于 5 000 万元时，NPV＞0，而 P30 井、P60 井、P80 井和 P100 井，NPV＞0。

②分析了资源税率调整后的页岩气开发项目 NPV，通过分析得出当页岩气气价在 1.59 元/m^3 时，在资源税减半和资源税减免下，在开发成本为 4 000 万元时的 P10 井 NPV＞0。

③单井初始产量为 10 万 m^3/d 时，页岩气开发成本只有控制在 3 483 万元以下，项目的 IRR 才可以达到 8%；单井初始产量为 12 万 m^3/d 时，页岩气开发成本控制在 4 275 万元以下，项目的 IRR 可以达到 8%；单井初始产量为 15 万 m^3/d 时，页岩气开发成本控制在 5 463 万元以下，项目的 IRR 可以达到 8%。

④在气价 1.59 元/m^3 情况下，单井钻完井成本控制在 7 000 万元，单井初始日产气量需达到 13.08 万 m^3 以上，页岩气开发才能够实现 8%的基准收益率；单井钻完井成本控制在 5 000 万元，单井初始日产气量需达到 11.28 万 m^3 以上，页岩气开发才能够实现 8%的基准收益率；单井钻完井成本控制在 3 000 万元，单井初始日产气量需达到 8.48 万 m^3 以上，页岩气开发才能够实现 8%的基准收益率。

⑤从页岩气开发项目的敏感性分析来看，页岩气价格和初始产量对 NPV 的影响程度较大，分别达到 36.1%和 35.2%，其次是成本对 NPV 的影响达到 25.8%，其中开发成本的影响程度是 15.8%，经营成本的影响程度是 10%，资源税率对 NPV 的影响程度较小，仅有 2.8%。

⑥通过对开发成本和初始产量盈亏点分析得到以下结论：

当页岩气初始产量为 10 万 m^3/d，页岩气价格为 1.35 元/m^3 时，开发成本的盈亏点是 3 284 万元；页岩气价格为 1.59 元/m^3 时，开发成本的盈亏点是 3 975 万元；页岩气价格为 1.68 元/m^3 时，开发成本的盈亏点是 4 233 万元。

在气价为 1.35 元/m^3 时，开发成本 4 000 万元情况下，页岩气初始产量的盈亏点是 115 160 m^3/d；开发成本 5 000 万元情况下，页岩气初始产量的盈亏点是 124 200 m^3/d；开发成本 6 000 万元情况下，页岩气初始产量的盈亏点是 135 780 m^3/d；开发成本 7 000 万元情况下，页岩气初始产量的盈亏点是 147 305 m^3/d。

在气价为 1.59 元/m^3 时，开发成本 4 000 万元情况下，页岩气初始产量的盈亏点是 104 590 m^3/d；开发成本 5 000 万元情况下，页岩气初始产量的盈亏点是 114 370 m^3/d；开发成本 6 000 万元情况下，页岩气初始产量的盈亏点是 124 150 m^3/d；开发成本 7 000 万元情况下，页岩气初始产量的盈亏点是 133 930 m^3/d。

在气价为 1.68 元/m^3 时，开发成本 5 000 万元情况下，页岩气初始产量的盈亏点是 105 470 m^3/d；开发成本 6 000 万元情况下，页岩气初始产量的盈亏点是 114 840 m^3/d；开发成本 7 000 万元情况下，页岩气初始产量的盈亏点是 124 210 m^3/d。

第 5 章 页岩气开发对涪陵经济社会环境影响研究

本章包括五个方面的内容，首先简要阐述了涪陵页岩气资源潜力与勘探开发进展；其次根据调研相关资料初步分析了页岩气开发对涪陵经济社会的影响；再次分析了页岩气开发对涪陵产生的环境影响和可能带来的环境风险；复次分析了中石化重庆涪陵页岩气勘探开发有限公司针对涪陵页岩气开发可能产生的环境影响和环境风险采取的环境保护措施及存在的问题；最后在以上基础上，进行了涪陵页岩气开发的环境成本效益研究。

5.1 涪陵页岩气资源潜力与勘探开发进展

（1）涪陵页岩气资源潜力

涪陵页岩气田位于重庆市辖区内，分布于重庆涪陵、南川和武隆等区县境内，总区块矿权面积为 7 307.77 km^2。2015 年 10 月，国土资源部评审认定涪陵页岩气田累计探明含气面积为 383.54 km^2，累计探明地质储量 3 805.98 亿 m^3（胡惠雯，2016），为全球除北美之外最大的页岩气田。2017 年 7 月，国土资源部再次评审认定涪陵页岩气田，新增探明含气面积 192.38 km^2，累计探明含气面积为 575.92 km^2；新增探明地质储量 2 202.16 亿 m^3，累计探明地质储量达到 6 008.14 亿 m^3。

（2）涪陵页岩气勘探开发进展

2009 年，中石化在焦石坝区块进行了 595 km^2 的三维地震勘探；2011 年，落实了焦石坝和南川等 5 个有利勘探目标；2012 年在最有利的焦石坝区块部署了第一口海相页岩气勘探井——焦页 1 HF 井；2012 年 11 月 28 日，焦页 1HF 井出气，随后拉开了涪陵页岩气开发的序幕；2013 年 1 月，焦页 1 HF 井投入试采，标志着涪陵页岩气田正式进入商业开采阶段；同年启动了试验井组开发工作，并开展了焦石坝区块一期产建区整体评价工作。中石化重庆涪陵页岩气勘探开发有限公司根据“先易后难”“整体部署、分步实施”的原则，将涪陵页岩气田分为两期工程，实行滚动开发。

一期产能建设区位于涪陵区境内，主要是焦石坝区块，产能建设目标 50 亿 m^3，截至 2017 年 6 月底，气田累计开钻 370 口，投产 254 口；累计建成产能 76.04 亿 m^3，生产页岩气 124.75 亿 m^3，销售突破 119.76 亿 m^3，日销售 1 640 万 m^3。涪陵页岩气田一期勘探开发进展情况见表 5-1。

表 5-1　涪陵页岩气田一期勘探开发进展情况

	2013 年	2014 年	2015 年	2016 年
开钻/口	30	148	112	44
完井/口	24	112	120	43
完成试气/口	14	75	109	74
投产/口	13	76	91	53
新建产能/亿 m^3	5	20	25	11.72
产气/亿 m^3	1.42	10.81	31.67	45.34

资料来源：①中石化重庆涪陵页岩气勘探开发有限公司提供；
②2016 年数据截至 2016 年 11 月 30 日。

2016 年年初，涪陵页岩气田正式启动气田二期 50 亿 m^3 的产能建设，并确定二期产建区主力区块为江东和平桥等四大区块。其中，平桥区块位于南川区，2016 年 9 月，平桥区块首口开发井——焦页 108-6HF 井钻塞试气测试求产施工结束，日产 18 万 m^3 高产工业气流。焦页 108-6HF 井是一口页岩气开发水平井，也是平桥区块第一口完成压裂试气的开发井。2016 年 9 月，涪陵页岩气田二期产建江东区块焦页 70-1HF 井、焦页 70-2HF 井放喷求产，分别获得 26.71 万 m^3/d 和 23.8 万 m^3/d 高产，进一步落实了该区块上奥陶系五峰组—下志留系龙马溪组页岩气产能，为该区块的产建方案提供了开发依据。

5.2　页岩气开发对涪陵经济社会影响分析

自涪陵页岩气成功开发以来，页岩气产业对涪陵经济产生了积极的推动作用，成为涪陵区新的经济增长点。根据涪陵区统计局提供的资料，2014 年和 2015 年，中石化重庆涪陵页岩气勘探开发有限公司分别完成工业产值 27.5 亿元和 96.3 亿元，占涪陵区规模以上工业产值的 2.4%和 7.0%。2015 年直接贡献了涪陵工业产值 6 个百分点，成为涪陵区工业增长重要的支撑。2014 年和 2015 年，中石化重庆涪陵页岩气勘探开发有限公司分别完成建筑业总产值 86.0 亿元和 121.7 亿元，占涪陵区建筑业总产值的 35.2%和 38.1%，强力支撑了涪陵区建筑业产值的高速增长。2015 年中石化重庆涪陵页岩气勘探开发有限公司实现交通运输业营业收入 1.2 亿元，占涪陵区交通业营业收入的 2.6%，对涪陵区交通业起到了较强的支撑作用，同时对涪陵区第三产业发展起到了一定的促进作用。2014 年和 2015 年，中石化重庆涪陵页岩气勘探开发有限公司分别完成固定资产投资 96 亿元和 141 亿元，占涪陵区固定资产投资总额的 16%和 21%，支撑作用明显。

总体来看，2015 年页岩气产业直接创造工业增加值、建筑业增加值和交通运输业增加值为 42.5 亿元，直接贡献了涪陵区 GDP 5.3 个百分点，上缴利税 7.5 亿元。截至 2016 年年底，涪陵页岩气开发累计缴税超过 19 亿元，成为涪陵区第一大税源（马忠玉等，2017）。页岩气产业对涪陵区经济社会发展直接贡献突出。

页岩气产业不仅对涪陵区经济发展起到直接积极作用，也间接带动商贸流通、住宿、餐饮的发展，并增加了居民收入，带动当地就业。中石化重庆涪陵页岩气勘探开发有限公司坚持资源就地转化利用，优先保证当地居民和企业供气，每年向涪陵区供应民用气 1.5 亿 m^3，向本土企业优惠供气，支持地方经济社会发展。2016 年涪陵区页岩气工业用气价格为 1.52 元/m^3，是重庆市最低价，比全市工业用气平均价格低 26%，给涪陵区相关企业带来较强的市场竞争力。此外，中石化重庆涪陵页岩气勘探开发有限公司优先引进当地供应商参与建设，优先采购当地产品，带动当地用工 5 000 余人（马忠玉等，2017）。可见，页岩气产业对涪陵经济社会的发展间接带动潜力大。

然而通过调研发现，2016 年中石化重庆涪陵页岩气勘探开发有限公司在涪陵区的投资分别较 2014 年和 2015 年减少 22%和 47%，页岩气勘探开发进入平稳期后，直接经济带动作用会逐步下降，地方政府面临着如何利用页岩气就地转化以促进经济可持续发展的挑战。

5.3 页岩气开发对涪陵环境影响分析

5.3.1 涪陵自然环境特征

自然环境特征是页岩气开发必须充分了解的因素，在进行页岩气开发和环境政策制定时，需要充分考虑页岩气开发区的自然环境特征。一方面，页岩气开发区所处环境可制约页岩气开发，如水资源等可对页岩气开发形成制约；另一方面，不同的环境特征对页岩气开发所产生的环境影响的承受力是不同的。

（1）地表水环境特征

重庆涪陵页岩气开发区属于乌江水系，区内主要河流包括乌江、麻溪河、枧溪河和干溪河。乌江在涪陵区注入长江，干流全长 1 037 m，流域面积 87 920 km^2，流域内年平均径流量为 536.1 亿 m^3。麻溪河是乌江的一级支流，其源头为涪陵区大木乡，流域面积 230 km^2，枯水期流量约 5.90 m^3/s。枧溪河属于麻溪河的支流，其源头为涪陵区焦石镇，流域面积约 64 km^2，枯水期流量约 1.61 m^3/s。干溪河也属于麻溪河的支流，其源头为涪陵区焦石镇，流域面积约 23 km^2，枯水期流量约 0.58 m^3/s。

（2）地下水环境特征

明晰地下含水层和隔水层特征对于分析页岩气开发是否会带来地下水污染具有重要作用。

重庆涪陵页岩气的项目层是志留系底部的下志留统龙马溪组，从地表出露层到含气地层奥陶系开始，由新至老的地层分别如下：

1）第四系空隙含水层

地层厚度一般为 1～2 m，不整合覆盖于各老地层之上。此地层旱季一般透水而不含水，雨季局部含季节性孔隙水，与下覆地层因基底岩性及风化程度不同具有一定的水力联系，但富水性弱，季节性变化大，由于厚度小，分布面积有限，其水文地质意义不大。

2）三叠系中统巴东组强岩溶含水层

三叠系中统巴东组为强岩溶含水层，是区域的主要出露层，厚度为 100～280 m，该水层是具有饮用水供水功能的含水层。

3）三叠系下统嘉陵江组强岩溶含水层

三叠系下统嘉陵江组强岩溶含水层地层厚度为 400～500 m，地表岩溶极度发育，多见溶隙、溶洞和暗河等，该含水层富水性极强，地下水多以岩溶裂隙、岩溶管道流形式赋存，以岩溶泉和暗河形式在低洼沟谷地带集中排泄。该水层同样具有饮用水供水功能的含水层。

4）三叠系下统飞仙关组裂隙弱含水层

三叠系下统飞仙关组裂隙弱含水层，平均厚度为 350 m。该组地层浅部岩石风化破碎，风化裂隙发育，透水性好，含风化裂隙水，出露泉水较多；深部岩心完整，裂隙不发育，含水性极差。总体而言，此岩层富水性较弱。

5）二叠系上统龙潭组裂隙弱含水层

二叠系上统龙潭组裂隙弱含水层，地层平均厚度约 200 m，地层浅部风化裂隙发育，局部含风化裂隙水，深部裂隙不甚发育，多见细小闭合状裂隙，细砂岩中见少量含水裂隙，含水层、隔水层相间产出，显示含水层富水性弱。

6）二叠系下统梁山栖霞茅口组灰岩较强岩溶含水层

二叠系下统梁山栖霞茅口组灰岩较强岩溶含水层，地层厚度约 400 m，为较强岩溶含水层，岩溶中等发育，但极不均匀。

7）石灰系中统黄龙组较强岩溶含水层

石灰系中统黄龙组较强岩溶含水层，地层厚度为 0～28 m，部分区域缺失，含裂隙水和溶洞水，地层埋深约 1 000 m。

8）志留系中下统隔水层

地层总厚度大于 1 000 m，其中含气地层为志留系底部的下志留系龙马溪组，龙马溪组为一套浅海相砂页岩地层，厚度为 70～114 m。

9）奥陶系古岩溶含水层

地层厚度约 500 m，为含气层地层底板，赋存有深层岩溶地下水。地层埋深为 2 000～2 500 m。[①]

从地层资料可知，具有供水意义的地层是三叠系中统巴东组强岩溶含水层和三叠系下统嘉陵江组强岩溶含水层；奥陶系古岩溶含水层虽是含水层，但其在含气层志留系中下统隔水层之下，为深层地下水。奥陶系古岩溶含水层与浅层地下水水力联系，开采难度大，现阶段无供水意义。

（3）大气环境特征

重庆涪陵页岩气示范区属于中亚热带湿润季风气候区，具有气候温和、雨量充沛、湿度较大、四季分明、风速小等气候特点。全年主导风向为东北风，年平均风速为 0.7 m/s，年内各月平均风速为 0.37～0.9 m/s，1 月和 7 月风速最大，为 0.9 m/s。全年静风频率较高，平均静风频率为 39.4%，其中冬季最高，为 48.4%，夏季最低，为 32.8%。

（4）生态环境特征

重庆涪陵页岩气示范区土地利用类型以耕地和林地为主，草地次之。现有林地以人工柏木林和马尾松林为主，灌木林地面积较小，其他林地主要为天然次生林。示范区土壤以紫色土和水稻土为主，属国家级水土流失重点治理区，土壤侵蚀类型以水力侵蚀为主。

5.3.2 页岩气开发对水资源的影响

水资源问题是页岩气开发过程中面临的最主要环境问题。页岩气开发对水资源的影响主要包括水资源消耗和水环境污染。

（1）页岩气开发水资源消耗

本小节从六个方面全面分析重庆涪陵页岩气开发的水资源消耗问题，包括单井水资源消耗量、单位长度压裂水资源消耗量、单位产量水资源消耗量、单位能源水资源消耗量、开发用水来源、开发用水占当地用水比例。

1）单井水资源消耗量

页岩气开发过程中多个阶段都需要消耗水资源，包括钻井作业、冲洗井、完井压裂以及生活用水等，其中压裂过程用水一般占整个过程用水量的 80%以上。通过调研发现涪陵钻井作业用水量在整个过程中较多，但大部分水都进行循环利

① 地下层系资料主要来源：中煤科工集团，某钻井工程环境影响报告[Z].内部资料，2016.

用，整个过程新鲜水消耗量较小。

重庆涪陵地区单井用水消耗量为 28 000～35 000 m^3，平均用水量约 30 000 m^3，压裂用水量在 90%以上。美国能源部统计了 Marcellus 页岩、Barnett 页岩、Fayetteville 页岩和 Haynesville 页岩等几大页岩气产区，页岩气田单井平均用水量为 10 000～15 000 m^3，压裂用水量占比 73%～98%。页岩气单井平均用水量和压裂用水量情况见表 5-2。从单井用水量来看，重庆涪陵用水量明显高于美国地区用水量。

表 5-2 页岩气单井平均用水量和压裂用水量情况

页岩气产区	单井平均用水量/m^3	压裂用水量/m^3	压裂用水占比/%
重庆涪陵	30 000	29 100	97
Marcellus	15 000	14 700	98
Barnett	10 000	8 500	85
Fayetteville	12 000	11 400	95
Haynesville	14 000	10 220	73

资料来源：美国地区页岩气井用水量来自 US Department of Energy（2009）。

综上所述，影响用水量的主要因素包括井深、水平段长度、压裂段数、每段压裂用水量以及地质特征和压裂液等。美国页岩气开发井普遍浅于我国，美国页岩气开发的主体井深为 1 500～3 500 m，我国页岩气埋深超过 3 500 m 的页岩占 65%。重庆涪陵页岩气开发区单井井深 4 100～4 700 m。不同的地质特征和所用压裂液对水力压裂用水量也会产生较大影响。此外，最为关键的还是压裂段数和每段压裂用水量。

2）单位长度压裂水资源消耗量

影响页岩气单井用水量的两个重要指标：一是单位长度压裂用水量；二是水平段压裂段数。美国页岩开发区单位长度压裂用水量见表 5-3。重庆涪陵页岩单井开发每段长度约 100 m，每段压裂用水量为 1 800～2 000 m^3，则重庆涪陵单位生产段用水量为 18～20 m^3/m。在压裂段数方面，重庆涪陵压裂段数在 15 段左右，而美国页岩气井压裂段数在 15～24 段。重庆涪陵页岩气用水量主要是单位长度压裂用水量高于美国地区。

表 5-3 单位长度压裂用水量

单位：m^3/m

页岩气产区	用水量
重庆涪陵	18～20
Barnett	12.5
Haynesville	14
Eagle Ford	9.5

资料来源：Nicot 和 Scanlon 2012，2014。

3）单位产量水资源消耗量

页岩气开发水力压裂目的是要获得单井最终更高的采收率，在每段压裂用水量基本不变的情况下，水平段增长、水力压裂段数增多，单井消耗水资源量必然增加，但由于动用的储量程度也高，页岩气单井最终的采收率也将更高（曾义金，2014）。因此，估算单位页岩气产量水资源消耗量具有重要意义。

一般来讲，页岩气水平井水平段越长，压裂段数越多，单井产能越大，但是水平井段也不是越长越好，因为水平段越长钻井难度越大，单井钻井投资越大，而且存在脆性页岩垮塌和破裂等复杂问题（牛新明，2014）；同时由于井筒压差问题，水平段越长抽汲压力会越大，总体页岩气产量可能反而会降低（李庆辉等，2012），所以在进行钻井之前，需要合理设计水平段长度。根据第 4 章重庆涪陵页岩气单井的产量分布，最终可采储量主要为 1.03 亿～2.16 亿 m^3，可得到重庆涪陵页岩气单井产量水资源消耗量，并与美国几大页岩气产区进行比较，见表 5-4。从表 5-4 中可以看出，虽然涪陵单井水资源消耗量是美国的 2～3 倍，但单位产量水资源消耗量相当，主要是因为重庆涪陵单井最终可采储量较高所致。

表 5-4 单位产量水资源消耗量

页岩气产区	单井最终采收量/10^6 m^3	单井平均水资源消耗量/m^3	单位产量水资源强度/（kg/m^3）
重庆涪陵	103～216	30 000	0.14～0.29
Barnett	39～84	10 000	0.12～0.26
Haynesville	98～180	14 000	0.08～0.14
Marcellus	39～150	15 000	0.10～0.38
Fayetteville	48～73	12 000	0.16～0.25

数据来源：美国单井最终采收量来自 Clark 等 2013，Life cycle water consumption for shale gas and conventional natural gas[J]. 单位产量水资源强度由本书测算。

4）单位能源水资源消耗量

与常规天然气、煤炭和石油等其他能源相比，页岩气是否属于高耗水行业，可通过计算页岩气单位能量水资源消耗量与其他能源进行比较。虽然页岩气开发单口井水资源消耗量巨大，但是页岩气单井最终可采储量却大于常规天然气。

通过重庆涪陵页岩气单井用水量和页岩气产量可计算涪陵页岩气井的单位能源水资源消耗量。其中，页岩气热值以 35 544 kJ/m^3 计算，则单位能源水资源消耗量为：28 000 m^3×1 000（L/m^3）/[（1.03～2.16）×10^8 m^3×0.97×35 544（kJ/m^3）]=3.760～7.885 L/GJ。不同类型单位能源水资源消耗量见表 5-5。

表 5-5　不同能源类型单位能源水资源消耗量

	重庆涪陵页岩气	页岩气	常规天然气	煤	石油
范围/（L/GJ）	3.76～7.885	4.31～120.65	0～12.93	6.46～86.18	33.61～323.18
平均值/（L/GJ）	5.82	30.16	7.76	34.04	143.06

数据来源：Kuwayama 等，2013。

从表 5-5 中可以看出，重庆涪陵单位能源水资源消耗量较低，与常规天然气接近，低于煤炭和石油。

5）开发用水来源

页岩气开发用水主要是淡水，其主要来源于地表水和地下水，湿润地区大多取自地表水，而干旱地区在地表水有限情况下，更多只能取地下水（Nicot 和 Scanlon，2014）。例如美国 Marcellus 页岩开发区处于湿润地区，其主要的水源是地表水，主要来自萨斯奎汉纳河和德拉瓦河（Nicot 和 Scanlon，2012），而美国 Eagle Ford 页岩开发区处于干旱地区，主要依靠地下水（Arthur 等，2010）。

为避免影响涪陵当地群众的生产生活用水，重庆涪陵示范区页岩气开发用水主要取自长江支流乌江。中石化重庆涪陵页岩气勘探开发有限公司与重庆涪陵白涛工业园区能通开发建设有限公司签订供水协议，由其通过管道将乌江水输送到开发工程所在地。根据资料，乌江年平均流量为 1 700 m^3/s，历年最小流量为 128 m^3/s，则年均流量为 536.1 亿 m^3，最小流量为 40.4 亿 m^3。页岩气开发占乌江水量比例将在下文分析。

6）开发用水占当地用水比例

在页岩气开发用水量占当地用水比例方面，2011 年美国 Oklahoma 水资源消耗量为 $16.3\times10^6 m^3$，占当地用水总量小于 0.5%（Murray，2013）；Texas 水资源消耗量为 $100.2\times10^6 m^3$，占当地用水总量约 0.5%（Nicot 和 Scanlon，2012）；Colorado 水资源消耗量为 $18.5\times10^6 m^3$，占当地用水总量约 0.1%（COGA，2015）。

用水量的估算，一般采用平均单井用水量乘以年内计划钻井数，重庆涪陵单井新水消耗量为 28 000～30 000 m^3，2020 年涪陵计划钻井数 200 口，则新水耗总量为 0.056 亿～0.06 亿 m^3。依据 2014 年重庆涪陵供水量为 4.875 3 亿 m^3 计算，页岩气开发水资源消耗量占当地用水总量的 1.15%～1.23%，考虑单井按 3 次重复压裂，水耗占比也仅为 3.45%～3.69%，不会造成显著的额外供水压力。然而由于压裂用水通常集中于某一区域或某一时段，因此，某一区域或某一时段用水比例可能较高。乌江年均流量为 536.1 亿 m^3，最小流量为 40.4 亿 m^3，页岩气开发用水量占乌江水量比例见表 5-6。

表 5-6　页岩气开发用水占乌江水量比例

指标	比例
占乌江年平均流量	0.010～0.011
占乌江历年最小流量	0.138～0.148

从表 5-6 中可以看出，页岩气开发用水占乌江水量的比例较低，基本不会对其他乌江用水造成影响。

从涪陵页岩气开发对水资源影响来看，涪陵页岩气单井水资源消耗量大，但页岩气开发水资源消耗总量占当地用水总量比例不大；虽涪陵页岩气单井水资源消耗量大于美国页岩气单井水资源消耗量，但两者单位产量水资源消耗量相当；从单位能源水资源消耗量来看，涪陵单位能源水资源消耗量较低，与常规天然气接近，低于煤炭和石油。

（2）页岩气开发水环境污染

1）页岩气开发对表水环境影响

涪陵页岩气开发废水主要包括钻井废水、洗井废水、压裂返排液、井场雨水和生活污水。

重庆涪陵页岩气开发采用“导管+三段式”钻井工艺，导管段、一开及二开直井段采用清水钻井工艺，二开斜段采用水基钻井液钻井工艺，三开采用油基钻井液钻井工艺。其中一段导管段、一开及二开所产生的废水直接用于配制水基钻井液，钻井剩余的水基钻井液排入废水池暂存，经过沉淀处理后，上清液用于配制压裂液，剩余废钻井泥浆与钻井岩屑一起进行固化填埋。三开段剩余油基钻井液储存于储备罐中，用于下口井的钻井工程。冲洗井废水排入废水池，用于配制压裂液。产生的压裂返排液和产出水在平台配液罐和压裂水池暂存，最终用于其他平台压裂工序。需要特别说明的是，重庆涪陵页岩气田地质构造特殊，其压裂液的返排率较低，从重庆涪陵压裂的 160 多口井的返排量产生来看，平均返排量为 724.9 m^3，按压裂液用量 28 200 m^3 计算，平均返排比例约为 2.6%。井场内沿井口周边修建场内排水明沟，接入废水池；井场四周修建截排水沟，雨水就近排进附近溪沟。井场及生活区设置有旱厕，生活污水经旱厕收集处置不外排。

总体而言，重庆涪陵页岩气开发基本无废水外排，对地表水影响较小。

2）页岩气开发对地下水环境影响

页岩气开发对地下水环境的影响是人们特别关注的问题，也是应该重点分析的问题。

重庆涪陵页岩气开发示范区采用近平衡钻井技术钻井，此技术确保钻井液的压力大于钻井地层的压力，从而使地下水压力和水位保持原状。正常情况下，不会对地下水造成影响。但在非正常情况下，如钻井液压力小于地层压力，就会发生钻井溢流。在二维和三维地震勘探过程中的放炮会造成地下水的重新分配，可能会使溶洞水和井水干枯。

页岩气开发对地下水水质的影响主要包括两个方面：一是钻井液的漏失影响；二是压裂过程的影响。

①钻井液的漏失影响

根据钻井工艺，结合地层分布，涪陵页岩气钻井导管段、一开段和二开直井段均使用纯清水钻井，导管段主要在嘉陵江组进行；一开段主要在嘉陵江组至飞仙关组；二开直井段主要在长兴组、龙潭组和茅口组；均采用近平衡技术钻井，钻井液均使用纯清水，无任何添加剂，对水质基本无影响。由于有供水意义的含水层主要在嘉陵江组，因此钻井漏失对居民饮用水水源水质影响小。二开斜段使用水基钻井液钻井，主要钻井地层为栖霞组、黄龙组、龙马溪组等，主要为隔水层，地下水含量少且难以流动，对地下水质影响较小。三开段采用油基钻井液，三开属于水平井，全部在龙马溪组，该段地层含水量较少，为相对隔水层，此外为减少钻井液的漏失，在钻井液中添加了酸溶性暂堵剂、刚性堵漏剂、油基成膜剂，以提高钻井液的封堵性能，有利于进一步减轻钻井液漏失对地下水水质的影响。

②压裂过程的影响

压裂过程中会有部分压裂液滞留在龙马溪组地层中，但由于龙马溪组为相对隔水层，其上覆地层同样以页岩为主，同为相对隔水层，因此，压裂液始终在一个页岩圈内闭层内，不会向其他地层渗透，且龙马溪组在地下深度 2 000 m 以下，不会对浅层具有供水意义的嘉陵江组岩溶地下水造成影响。

此外，如果施工材料存储不到位，污水和废水储存设施破损，发生漏失会造成地表污染物入渗，对浅层地下水可能造成一定的污染。

3）涪陵区环保局地表水和地下水环境监测结果

涪陵区环保局根据页岩气开发污水排放位置和钻井平台分布情况，设置了 8 个监测断面来监测页岩气开发对地表水的影响，监测因子包括 pH、溶解氧、COD、氨氮、石油类和氯化物等 29 项。监测结果显示，各项监测指标在丰、枯水期均满足地表水水质标准，未对地表水环境产生明显影响。根据单因子综合评价，监测点指数范围为 0.19～0.3（重庆市涪陵区环境保护局，2017）。

根据含水层区域周边出露井泉和溶洞出口地下水水质，设置 5 个监测点判断页岩气开发对地下水的影响情况，监测因子包括 pH、石油类、重金属、挥发性有机物和氰化物等 31 项，同样丰水期和枯水期均满足地下水水质标准，且 71%以上满足Ⅰ类水标准、16%以上满足Ⅱ类水标准、3%以上满足Ⅲ类水标准，未对地下水产生明显影响（重庆市涪陵区环境保护局，2017）。

5.3.3 页岩气开发对大气环境的影响

（1）大气污染源及处理方式

涪陵页岩气开发大气污染源主要包括施工扬尘、施工机具尾气污染、钻井工程和压裂测试燃油废气、测试放喷废气以及开采运输过程中的页岩气泄漏等。其中施工扬尘主要集中在井场内及其周边，通过采取防尘洒水措施，可以得到有效控制，并随着施工结束而结束。施工机具尾气污染，污染物主要有一氧化碳和烃类，其排放量较小，对周边空气质量影响不大。钻井工程燃油和压裂测试燃油废气污染，其主要污染物为钻井作业期间柴油机和发电机组废气中的氮氧化物和二氧化硫及颗粒物，由于重庆涪陵页岩气示范区正在推广使用网电钻机替代柴油驱动钻机，将使得钻井工程燃油废气和压裂测试燃油废气逐步减少。测试放喷废气在经过燃烧后，废气主要为二氧化硫和二氧化碳，排放量较小。开采运输过程中的页岩气泄漏下文将具体分析。

总体来看，施工扬尘和施工机具尾气影响范围较小；钻井工程和压裂测试燃油废气将逐步减少，且排放量不大；测试放喷废气在经过燃烧后排放量较小。

（2）甲烷排放量

重庆涪陵页岩气区在完井阶段没有进行甲烷的排放量实测，因此本书根据相关文献资料结合实地调研进行重庆涪陵页岩气区甲烷排放量的测算。

完井过程甲烷排放，Clark 等（2011）研究显示，在页岩气开发过程中约有 1.19%的甲烷泄漏，而通过对涪陵实地调研发现涪陵页岩气完井过程测试放喷含气返排液进行气液分离，分离后的气体进入管线，不能被捕获的部分气体进行充分燃烧。单井排放到空气中的甲烷量仅有几万立方米到几十万立方米，且都经过充分燃烧后再排放，相比页岩气单井最终产量而言，约为最终产量的 0.1%。集输损耗排放，在实际调研过程中，页岩气集输在当前远程监控系统下，发生管网压力异常情况可迅速关闭阀门，减少甲烷气体泄漏，涪陵页岩气开发甲烷的集输损耗率特别低，基本无损耗，本书按 0.1%计。通过调研，甲烷的商品率约为 99%，且损耗的 1%主要是用于加热炉加热使用。Howarth 等（2011）研究认为页岩气运输、存储及分配过程中甲烷排放损耗 1.4%，而余晨等（2014）认为页岩气运输、存储及分配过程中甲烷排放损耗为 0.79%，结合调研，本书选取余晨等的研究结果 0.79%作为页岩气运输、存储及分配过程中甲烷排放损耗。

参考文献资料的研究结果及调研情况，本书得到页岩气开发利用过程中的甲烷排放见表 5-7。页岩气开发全生命周期，甲烷损耗按 0.99%计，年产量按 100 亿 m^3 计，甲烷质量为 0.716 kg/m^3，按 100 年全球增温潜势折算，则 2020 年重庆涪陵甲烷排放量为 7.09 万 t，折算为二氧化碳当量为 177.25 万 t。

表 5-7 页岩气开发利用过程甲烷排放率

开发利用过程	页岩气甲烷泄漏率
完井过程	0.1%
集输损耗	0. 1%
运输、存储及分配过程	0.79%
总计	0.99%

5.3.4 页岩气开发对其他方面的影响

（1）生态环境方面的影响

重庆涪陵页岩气示范区开采占地类型分为永久性占地和临时占地，永久性占地最终变为页岩气生产用地，临时占地在建设期内需对占用的土地进行青苗补偿，在工程建设结束后对占地进行复垦，尽量恢复土地原有的生产力。

通过调研发现页岩气开发在征地补偿方面存在两大问题：一是天然气管线占地复垦后，当地居民不能进行耕种；二是临时占地复垦复耕后，由于原来的土地受到永久性占地的分割，造成相对复垦复耕面积变小或耕地质量下降等问题。

（2）噪声污染

页岩气开发过程中的主要噪声污染包括两部分：一是钻井工程过程的噪声；二是压裂试气过程的噪声。钻井过程中的噪声主要来源于柴油动力机、发电机、钻井设备、泥浆泵和振动筛等设备；压裂试气过程中的噪声主要来源于压裂机组等设备。钻井过程噪声源强为 85～100 dB，压裂过程噪声源强为 100 dB。与美国和加拿大不同，涪陵页岩气开发分布在人口稠密和农田地区，页岩气开发钻井过程中的噪声给附近居民带来了一定的影响。

（3）页岩气开发的热辐射影响

在放喷池点火燃烧天然气时可能对周围环境产生热辐射影响。根据调研资料显示，工程测试放喷点火燃烧产生的热辐射致死半径为 10.81 m，而伤害半径为 19.63 m。涪陵示范区在热辐射伤害半径内无居民点，且在进行天然气放喷测试时，中石化重庆涪陵页岩气勘探开发有限公司在井场周边设置警戒线，严防相关人员靠近，因此放喷天然气燃烧热辐射不会对周边居民造成影响。

总体来看，涪陵示范区页岩气开采环境影响主要体现在地下水、甲烷泄漏和噪声等方面，但通过一系列的环保措施，可以在很大程度上减少影响。

5.4 涪陵页岩气开发采取的环境保护措施及存在的问题

页岩气开发存在一定的环境影响和潜在的环境风险，重庆市及涪陵区有关部门和中石化重庆涪陵页岩气勘探开发有限公司从一开始就非常重视环境保护。中石化重庆涪陵页岩气勘探开发有限公司坚持资源开发与生态环境保护并重，全力推进重庆涪陵页岩气田安全、高效、绿色开发。

5.4.1 涪陵页岩气开发采取的环境污染源头预防措施

（1）构建了较为完善的环境管理制度体系

一是成立领导小组和组织机构，明确环保责任。成立了 Health Safely 和 Environment（HSE）协调委员会和管理委员会，落实企业负责人环保责任制，细化分解了从执行董事、总经理、分管安全环保副经理、主管部门、全体员工到工区内各参战单位的环保管理责任，明确钻井、试气、采气、地面4个工程项目部分别负责分管专业的环境管理工作；加强井控安全环保监管，及时协调和解决现场问题。细化甲乙双方环保责任，重点抓好环保技术规范和现场操作，全面落实监管主体。对各施工队伍，按照“谁污染谁负责、谁污染谁治理”的原则进行考核。

二是制定企业环境管理规章制度。中石化重庆涪陵页岩气勘探开发有限公司2014年8月30日发布并实施 QHSE 管理体系，系统整合质量、健康、安全、环境管理模式。相继出台环境保护禁令、突发事件应急预案、环境保护管理办法、环境监测管理规定、工业废水管理规定、环境保护处罚规定、项目 HSE 风险金考核管理办法等10项环境保护管理制度。先后发布国内首套页岩气勘探开发井控实施细则、陆地“井工厂”钻井作业规范、页岩气压裂试气作业指导书，参与制订27项行业标准，完成制订6项一级企业标准，制订并发布百余项局级企业标准和规范，为国内页岩气产业形成了一套较为完善的制度规范。

三是建立环境应急体系。与涪陵区政府联合成立“涪陵区页岩气开发安全保卫工作委员会”，注重与地方公安、消防、卫生、环境监测等部门和工区各施工单位的合作，建立自上而下、纵横贯通的应急组织网络。针对井喷失控、危险化学品事件、火灾爆炸、天然气管道泄漏、破坏性地震、洪汛灾害、气象灾害等可能发生的环境事件，制定《中石化重庆涪陵页岩气勘探开发有限公司环境事件应急预案》，加强员工队伍培训，定期召开应急演习，确保一旦发生环境风险能做到正确处置。

四是建立环境监管体系。实行企业自主监管、第三方监管、政府监管、社会监督同步运行机制。尤其值得一提的是，工程监理和环境监理双管齐下，首次在国内气田开发中引入第三方环境监理单位，监督环评中各项环保措施的实施情况。

（2）积极研发与应用绿色开发技术，发展循环经济

坚持减量化、再利用、资源化原则，发展循环经济。通过改进优化设计、使用清洁能源和原料、采用先进工艺技术与设备、改善管理、综合利用等措施，从源头削减或避免污染物的产生，促进节能、降耗、减污、增效。

采取“井工厂”丛式钻井模式。与常规钻井模式相比，节约占地，缩短钻井、压裂施工周期，还可循环利用钻井液，减少使用和集中回收处理压裂液，降低钻井成本。

采取多项水污染防控技术。一是确定井位前，对地下100 m内暗河、溶洞的分布情况进行水文勘探，优选井位；二是在浅层环境水体所处地层钻进过程中，一律采用清水钻进；三是采用自主开发的清洁压裂液，包括低分子稠化剂、高效减阻剂和消泡剂，不含重金属或高危物质（胡德高，2017）。

总之，通过积极研发及应用绿色开发技术，降低了涪陵页岩气开发对环境带来的影响。

5.4.2 涪陵页岩气开发采取的环境污染处理措施

（1）加强废水处理及循环利用

水污染源头预防的技术在上文中已经论述，此处重点分析页岩气开发的废水处理及循环利用。页岩气开发的废水主要包括钻井过程、试气过程和采气过程的生产废水，以及厂区、各施工平台的生活污水。

钻井过程废水处理及循环利用。钻井过程的生产废水主要包括钻井施工废水、

设备冲洗废水。对钻井施工废水和设备冲洗废水，经场内排污沟汇集进入钢筋混凝土废水池储存，经絮凝沉淀处理后配制压裂液，进行循环利用。

试气过程废水处理及循环利用。试气过程产生的废水主要是压裂返排液。这部分废水，返排至压裂池暂存，经处理后再次用于配制压裂液，供其他压裂平台使用。在压裂原液配制及返排液储存、转运、回用过程中均严格执行管理台账和转运联单制度，防止压裂液和返排液泄漏进入外部环境。

采气过程废水处理及循环利用。采气过程产生的废水主要是集气站和脱水站在页岩气液分离过程中产生的分离水，俗称采气产出水。在页岩气田开发前期，采气产出水经收集后储存于污水罐或废水池中，经处理后，采用罐车运送至工区内需要压裂的井场用于配制压裂液。在转运过程中严格执行转运联单制度，对采气产出水的产生、转运和回用实行全过程监管。在页岩气田开发后期，采气产出水循环利用量有限，将建设专门的污水处理厂进行处理。

生活污水处理及回用。在厂区和各施工平台设置生活污水收集池，经处理达标后，能够用于农灌的，就地农灌；不能就地处理的，运输至地方污水处理厂处理。

重庆涪陵页岩气田开发水循环利用情况见图 5-1。

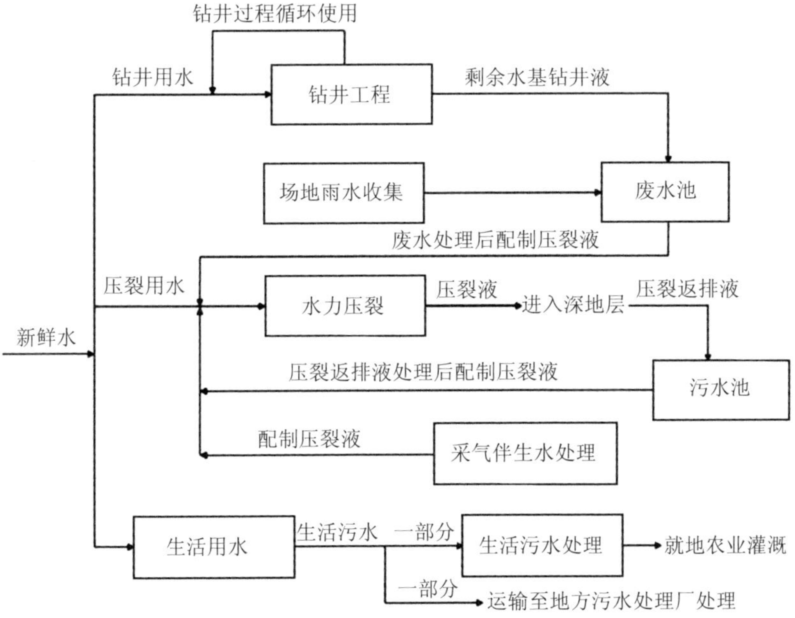

图 5-1　重庆涪陵页岩气田开发水循环利用情况

（2）加强大气污染治理

页岩气开发的大气污染主要来自甲烷逸散、柴油机组排放的废气。

在钻井过程中，为防止甲烷逸散，在井口配备气液分离装置，将地层分离出来的气体收集后输送至放喷池点燃。在放喷燃烧时，废气经排气筒高度为 1 m 的对空短火焰燃烧器点火燃烧后排放，经监测分析，达到排放标准。

此外，由于开采初期没有网电，各平台作业采取柴油机组发电，排放的废气包括二氧化硫、氮氧化物和烟尘等污染物，随着配套供电工程的建设，目前大部分区域已实现了网电覆盖，柴油发电机仅作为备用电源，这部分废气污染会降低。

（3）加强固体废物处置

页岩气开发产生的固体废物包括：钻井过程产生的清水钻屑、水基钻屑、废弃水基泥浆、油基钻屑、化工料桶和生活垃圾；试气过程产生的生活垃圾和化工料桶；采气过程产生的清管废物和生活垃圾。

油基钻屑属于危险废物，按照危险废物管理要求执行，坚持“不落地、无害化处理”原则，从收集、转运、存放到无害化处理的全过程实施监管。

清水钻屑、水基钻屑属于一般固体废物，在废水池内进行固化处理后填埋。

重庆涪陵页岩气田开发固体废物分类处置情况见图 5-2。

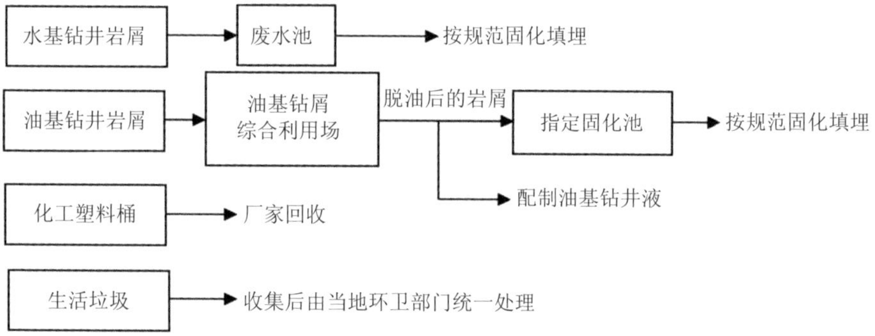

图 5-2　重庆涪陵页岩气田开发固体废物分类处置情况

（4）加强噪声污染防治

页岩气开发的噪声污染主要来自钻前过程的间歇性机械噪声，钻井时柴油动力机、发电机、钻井设备、振动筛等产生的连续性噪声，试气过程的压裂泵组噪声、测试放喷气流噪声，采气过程集气站、脱水站的阀门、过滤器、调压器噪声。

采取的噪声污染防治措施主要包括：严格控制钻前土方施工时间和试气压裂求产时间，晚上10点至第二天早上6点禁止动用高噪声机具作业。加装减震基座，有效控制噪声；推广网电钻机，有效控制噪声（熊德明，2016）。

（5）加强生态保护

页岩气开发过程中产生的生态环境影响主要是占用土地、挖损、机械碾压等改变地表形态，从而破坏地表植被，造成水土流失，改变土壤理化性质。涪陵页岩气田采取的生态保护措施主要包括：设计方案中，尽量避开生态环境敏感区域；施工过程中，尽量减少植被破坏；施工结束后，进行植被恢复、水土保持、土地复耕。通过采取上述措施，涪陵页岩气田开发尽量降低对环境的影响，截至目前，取得了较好成效。涪陵页岩气田设立了78个常态化环境监测点，各类监测数据显示未对区域地表水、地下水、环境空气质量、土壤环境、生态环境质量产生明显不良影响，区域环境质量基本稳定，但对区域内的生态环境影响，尤其是对地下水生态环境的影响，需要进行长期监测跟踪才能评判。

涪陵页岩气田从开采之初就十分重视环境保护问题，建立了一套较为完善的企业环境管理制度体系，积极开发与应用绿色技术，大力发展循环经济，加强废水、废气、固体废物、噪声污染防治，注重生态保护和修复，尽量减少页岩气开发利用对环境及周边居民生产生活造成的影响。研究表明，目前涪陵页岩气田开发区域的环境质量基本稳定，环境风险可控，外部环境效益大于外部环境成本，但仍存在一些问题有待解决，下一步重点要加强绿色技术创新，完善页岩气开发利用的环境政策、标准、技术规范，控制环境风险。

5.4.3 涪陵页岩气开发在环境污染防治方面存在的问题

（1）在污染防治方面还存在一些问题

涪陵页岩气田开发在钻井液漏失、采气产出水处理、油基钻屑无害化处置方面还存在问题。一是钻井液漏失控制难度大。涪陵页岩气田的有利开发区域地质条件复杂，地下暗河、溶洞较多，易发生钻井液漏失，但目前国内外钻井技术均无法完全控制钻井液的漏失。二是采气产出水处理难度大。在页岩气田开发后期，采气产出水循环利用量有限，需建设废水处理厂进行处理，但采气产出水成分复杂，氯离子浓度高，增加了处理难度和成本。三是涪陵页岩气田油基钻屑处置技术以热解工艺为主，但该技术在废气、废水收集处置系统方面还需进一步优化改进。目前涪陵页岩气田油基钻屑以无害化处置和填埋为主，下一步将研究资源化利用的可行路径，如生产铺地砖等，以减少土地占用。

（2）缺乏页岩气开发环境保护相关标准及技术规范

目前，中石化重庆涪陵页岩气勘探开发有限公司内部制定了页岩气开发相关环境管理规章制度，在相关部门和企业的共同努力下，探索形成了一些行业技术标准和规范，需要进一步上升到国家层面出台行业技术标准和规范，此外还缺乏有针对性的压裂液污染控制、钻屑综合利用污染控制、页岩气采出水污染控制等相关标准和技术规范。

5.5 涪陵页岩气开发环境成本效益分析

从环境角度看页岩气开发项目是否可行，主要从两个方面考虑：一是环境风险是否可控；二是环境外部效益是否大于环境外部成本。上一节论述了重庆涪陵页岩气田环境风险控制措施及成效，本节主要分析其环境成本及环境效益。

本节将从两个层次分析环境成本效益，一是分析企业的环境内部成本效益；二是分析环境外部成本效益。分析企业的环境内部成本效益是为了评判环境效益系数，为企业环保支出成本与效益提供依据，以及评判企业在页岩气开发方面的环保投入占页岩气开发成本的比例，为国家制定有关政策提供依据；分析环境外部成本效益是为了评判涪陵页岩气开发利用造成的环境损失，与页岩气开发利用的环境外部效益相比较，有助于评价页岩气开发利用项目的可行性。

5.5.1 环境内部成本效益分析

（1）环境内部成本分析

环境内部成本已在前文分析过，是公司在预防、治理污染和采取生态保护措施有关的所有工程费用的总和。涪陵页岩气开发主要环境内部成本包括钻井废水处理和利用、压裂返排液无害化治理、生活污水处理、生活垃圾处理、减震隔声降噪等降低噪声污染的措施、普通钻井岩屑及沉淀污泥处置、油基岩屑处理、生态恢复和环境风险防范等的费用，具体环境内部成本见表 4-3。

根据环境内部成本表可知，重庆涪陵单井的环境内部成本为 134.3 万元。环保投资比例系数为企业环境保护措施成本占页岩气总开发成本的百分比，涪陵页岩气开发成本为 7 000 万元，可知环保支出占开发成本的比例是 1.91%，环保投资是否合理还需进一步研究。根据重庆涪陵 2020 年计划开发 200 口井测算，可知企业环境内部成本约 2.68 亿元。

（2）环境内部效益分析

环境内部效益是指企业采取相关环保措施，减少资源能源消耗、循环利用废弃物带来的效益。结合重庆涪陵单井污染物处理量、污染物成分和排污费标准，按照《2014 年关于调整排污费征收标准等有关问题最新通知》中的规定，可计算得到各部分的环境内部效益，见表 5-8。

表 5-8　重庆涪陵页岩气单井环境内部效益　单位：万元

序号	项目	环境内部效益
1	钻井废水	94.5
2	钻井岩屑	95
3	废油等	30
4	生活污水	0.89
5	生活垃圾	1.0
合计		221.39

资料来源：根据到重庆调研提供的相关资料整理。

由表 5-8 可知，涪陵单井环境内部效益是 221.39 万元。通过计算单井环境内部效益与单井环境内部成本的比例，可得到环境效益系数，计算可知环境效益系数为 1.65，即每投入 1 万元的环境保护相关费用可直接得到内部环境效益 1.65 万元。同样根据重庆涪陵 2020 年计划开发 200 口井测算，可知企业环境内部效益约为 4.42 亿元。因此，涪陵页岩气开发环境内部效益高于环境内部成本，环境内部效益是环境内部成本的 1.65 倍。

5.5.2　环境外部成本效益分析

（1）环境外部成本分析

重庆涪陵页岩气田开发利用造成的外部环境成本主要来自开发环节。开发环节的外部环境成本主要包括耕地占用成本、道路和景观破坏成本、水资源分布改变带来的生产生活损失成本、水资源耗费成本、地下水污染成本、地表水污染排放成本、噪声污染成本、甲烷泄漏成本以及环境污染带来的人体健康损失等。

其中，耕地占用成本包括永久耕地占用成本和临时耕地占用成本，这部分都对占地农民进行了补偿，临时占地在退出时也进行了复垦，不再计算外部成本。

道路和景观破坏成本，在开发中和开发后都已进行修复，外部成本可不再计算。

水资源分布改变带来的生产生活损失成本，一部分已补偿给居民，其余的诸如对农业生产的影响、对别的企业的影响目前还不明显，外部成本可不再计算。

水资源耗费成本，已经以水资源费的形式包含在开发成本中，外部成本可不再计算。

地下水污染成本，因为污染难以衡量，需要长期监测，目前地下水环境质量无明显改变，难以估算。

地表水污染排放成本，目前废水不外排循环利用，可不再计算外部成本。

噪声污染成本，已补偿给居民，外部环境成本不再计算。

其他外部成本，对人体健康的影响等目前还难以定量。

因此，本书主要测算了页岩气开发甲烷泄漏成本。前文已测算页岩气开发甲烷泄漏排放为 7.09 万 t，参考相关文献中我国污染物排放收费标准，甲烷的环境价值为 483 元/t（郭瑞等，2015），则甲烷泄漏外部成本为 0.34 亿元，即总外部环境成本约为 0.34 亿元。

（2）环境外部效益分析

页岩气开发利用的环境外部效益主要是指与煤炭、石油等其他化石能源相比，在减少二氧化碳、氮氧化物、二氧化硫等排放物方面带来的相对效益。

到 2020 年，按涪陵年产页岩气 100 亿 m^3 计算，假设有 60%的页岩气用于替代散煤燃烧，可替代终端消费散烧煤炭 0.1×10^8t，可实现减排二氧化碳 1 738.16 万 t、二氧化硫 8.78 万 t、氮氧化物 1.65 万 t、烟尘 16.79 万 t。根据相关排污权价格，可得到环境外部效益为 38.19 亿元。页岩气环境外部效益见表 5-9。

表 5-9　页岩气环境外部效益

污染物	减排量/万 t	排污权价格/（元/t）	收益/亿元
二氧化碳	1 738.16	68.42	11.89
二氧化硫	8.78	17 000	14.93
氮氧化物	1.65	18 000	2.97
烟尘	16.79	5 000	8.40

资料来源：排污权价格来自余国合和吴巧生，《中国页岩气开发利用环境效益评估》。

通过对重庆涪陵页岩气开发的环境外部成本和环境外部效益分析可知，环境外部成本为 0.34 亿元，环境外部效益 38.19 亿元，环境外部效益远大于环境外部成本。2020 年重庆涪陵页岩气开发环境成本效益见表 5-10。

表 5-10　2020 年重庆涪陵页岩气开发环境成本效益　单位：亿元

环境内外部成本效益类型	成本效益
环境内部成本	2.68
环境内部效益	4.42
环境外部成本	0.34
环境外部效益	38.19

5.6　本章小结

本章主要分析了页岩气开发对涪陵经济社会影响，页岩气开发对涪陵产生的环境影响和可能带来的环境风险，中石化重庆涪陵页岩气勘探开发有限公司针对涪陵页岩气开发可能产生的环境影响和环境风险采取的环境保护措施及存在的问题和涪陵页岩气开发的环境成本效益四个方面的内容。

（1）页岩气开发对涪陵经济社会影响

页岩气开发对涪陵区经济社会发展起到直接积极作用，2015 年中石化涪陵页岩气项目行业增加值占涪陵区 GDP 总量的 5.3%，拉动涪陵区 GDP 增长 3 个百分点。截至 2016 年年底，涪陵页岩气开发累计缴税超过 19 亿元，成为涪陵区第一大税源。页岩气产业对涪陵区经济社会发展间接带动潜力大，页岩气产业同时也间接促进了商贸流通、住宿、餐饮等行业的发展，并增加了居民收入和扩大就业。

（2）页岩气开发对涪陵环境影响相关结论

①页岩气开发水资源消耗量占当地用水总量的 1.15%～1.23%，考虑到后期单井按 3 次重复压裂，水资源消耗总量占比也仅为 3.45%～3.69%，不会造成显著的额外供水压力。页岩气开发用水占乌江水量的比例极低，基本不会对乌江其他用水造成影响。

②重庆涪陵页岩气开发钻井所产生的废水直接用于配制水基钻井液，部分排入废水池暂存，经过沉淀处理后，上清液用于配制压裂液，剩余废钻井泥浆与钻井岩屑一起固化填埋。冲洗井废水排入废水池，用于配制压裂液。产生的压裂返排液和产出水在平台配液罐和压裂水池暂存，最终用于其他平台压裂工序。总体来看，重庆涪陵页岩气开发基本无废水外排，对地表水影响较小。

③重庆涪陵页岩气开发示范区采用近平衡钻井技术钻井，在正常情况下，不会对地下水造成影响。但在非正常情况下，会发生钻井溢流。在二维和三维地震勘探过程中的放炮会造成地下水的重新分配，可能会使溶洞水和井水干枯。此外，如果施工材料存储不到位，污水和废水储存设施破损，发生漏失会造成地表污染物入渗，对浅层地下水可能造成一定的污染。

④大气污染方面，施工扬尘和施工机具尾气影响范围较小；钻井工程和压裂测试燃油废气排放量小；测试放喷废气在经过燃烧后排放量较小。甲烷泄漏排放量为 7.09 万 t，折算为二氧化碳当量为 177.25 万 t。

⑤页岩气钻井和试气过程中的噪声污染对周边居民和饲养的家禽家畜产生一定影响。

总体来看，示范区页岩气开采环境影响主要体现在地下水可能遭受污染、甲烷泄漏和噪声污染等方面，但通过采取一系列的环保措施，可以在较大程度上减轻影响。

（3）涪陵页岩气开发环境保护措施及存在的问题

①涪陵页岩气开发采取了源头预防措施和污染处理措施，包括积极研发与应用绿色开发技术，发展循环经济，采取“井工厂”丛式钻井模式、多项水污染防控技术、自主开发清洁压裂液等；加强废水处理及循环利用、大气污染治理、固体废物处置、噪声污染防治和生态环境保护等。

②存在的问题：涪陵页岩气田开发在钻井液漏失、采气产出水处理、油基钻屑无害化处置方面还存在一定的问题，包括钻井液漏失控制难度大，采气产出水处理难度大，油基钻屑处置技术还需进一步优化改进。此外，缺乏页岩气开发环境保护相关标准及技术规范等。

（4）涪陵页岩气开发环境成本效益分析结论

①环境内部效益大于环境内部成本。重庆涪陵单井的环境内部成本为 134.3 万元，单井环境内部效益是 221.39 万元，即每投入 1 万元的环境保护相关费用可直接得到内部环境效益 1.65 万元。根据重庆涪陵 2020 年计划开发 200 口井测算，环境内部成本约为 2.68 亿元，环境内部效益约为 4.42 亿元。

②环境外部效益远大于环境外部成本。当前页岩气产生的外部环境影响不明显，大部分外部成本已进行了补偿，部分外部成本难以测算，本书主要测算了甲烷泄漏外部成本。按涪陵年产页岩气 100 亿 m^3 计算，页岩气开发甲烷泄漏排放为 7.09 万 t，甲烷泄漏外部成本为 0.34×10^4 万元，即外部环境成本为 0.34 亿元。到 2020 年，按涪陵年产页岩气 100 亿 m^3 计算，假设有 60%的页岩气用于替代散煤燃烧，可替代终端消费散烧煤炭 0.1×10^8t，可实现减排二氧化碳 1 738.16 万 t、二氧化硫 8.78 万 t、氮氧化物 1.65 万 t、烟尘 16.79 万 t。根据相关排污权价格，可得到环境外部效益为 38.19 亿元。

第6章 页岩气开发对重庆经济社会环境影响研究

本章主要包括三方面的内容：首先，简要阐述了重庆页岩气资源潜力与勘探开发进展；其次，通过建立含有页岩气产业的重庆投入产出模型，测算了页岩气开发对重庆经济社会产生的影响，并进一步测算了重庆页岩气产业的关联效应和波及效应；最后，对重庆页岩气开发区的水资源和生态环境进行了分析，并定量分析了重庆页岩气产业"十三五"规划实施将给重庆带来的环境影响，包括不利环境影响和有利环境影响两方面。

6.1 重庆页岩气资源潜力与勘探开发进展

（1）重庆页岩气资源潜力与分布

重庆页岩气资源丰富，根据资源评价结果，重庆页岩气地质资源储量为 12.75 万亿 m^3，约占全国地质资源储量的 9.49%，继四川、新疆之后，位列全国第三位（我国页岩气地质资源量分布排在前十位的省、自治区、直辖市情况见表 6-1）；可采资源潜力为 2.05 万亿 m^3，约占全国可采资源潜力的 8.17%（国土资源部，2012）。

表 6-1 我国页岩气地质资源量前十位省份 单位：$10^{12}m^3$

地质资源量排名	省（自治区、直辖市）	地质资源量
1	四川	27.50
2	新疆	16.01
3	重庆	12.75
4	贵州	10.48

地质资源量排名	省（自治区、直辖市）	地质资源量
5	湖北	9.48
6	湖南	9.19
7	陕西	7.17
8	广西	5.61
9	江苏	5.33
10	河南	3.71

资料来源：国土资源部油气资源战略研究中心，2012。

依据原国土资源部的划分，重庆页岩气资源区位于上扬子及滇黔桂分布区，属于海相页岩。重庆页岩气主要分布在渝东南、渝东北、渝西和渝南，总面积约4.6万km^2。重庆地区17个页岩气勘探开发重点区块分布见表6-2。

表6-2　重庆页岩气勘探开发重点区块分布

分布区域	重点区块数量	重点区块分布
渝东南	7	涪陵、黔江、酉阳东、秀山、彭水、湘鄂西Ⅰ、湘鄂西Ⅱ
渝东北	3	忠县—丰都、宣汉—巫溪、城口
渝西	3	璧山—合江、大足—自贡、安岳—潼南
渝南	4	綦江、綦江南、南川、泸县—长宁

资料来源：闫力源等，重庆页岩气潜在开发区环境特征及保护建议[J]. 环境影响评价，2015，37（6）：74-78.

（2）重庆页岩气勘探开发进展

重庆页岩气资源丰富，商业条件好，发展前景广阔。重庆市政府高度重视页岩气的开发，为充分发挥页岩气资源及勘探开发优势、推动页岩气产业持续健康发展，制定了页岩气产业“十三五”规划。

在勘探开发进展方面，除中石化重庆涪陵页岩气勘探开发有限公司在涪陵区块一期涪陵区域的钻探外，其他钻探活动正转移到涪陵区块二期南川、丰都、武隆等周边区县，整个页岩气的开发在重庆地区全面展开。根据页岩气产业“十三五”规划，一方面，重庆将加大涪陵、彭水、宣汉—巫溪和忠县—丰都等重点区块的页岩气勘探开发力度，力争2020年实现产能240亿m^3、产量165亿m^3；另一方面，重庆将加快綦江—綦江南、荣昌—永川、渝西、酉阳、黔江、城口、秀山等有利区块勘探开发进程，力争2020年实现产能60亿m^3。“十三五”期间重庆市页岩气勘探开发重点项目见表6-3。

表6-3　“十三五”期间重庆市页岩气勘探开发重点项目

页岩气开发区	投产井/口
涪陵	200
宣汉—巫溪	67
忠县—丰都	49
彭水	150
綦江	25～35
荣昌—永川	25～35

资料来源：《重庆市页岩气产业发展规划（2015—2020年）》。

在投资开发方面，重庆将推进勘探开发、管网建设、综合利用和装备制造全产业链集群式发展。到2020年，累计投资1 654亿元，其中勘探开发累计投资1 200亿元、管网建设累计投资47亿元、综合利用累计投资289亿元、装备制造累计投资118亿元。

6.2　页岩气开发对重庆经济社会影响分析

前文已述，当前国外评估页岩气开发对地区经济社会影响的方法主要包括投入产出模型、倍差法和合成控制法三种。结合重庆页岩气项目开发的特点，页岩气开发初级阶段带来的综合效益明显，而环境污染等外溢影响较小，本书认为适合采用投入产出模型对重庆进行经济社会影响评估与预测，而倍差法和合成控制法适用于页岩气开发已产生较为明显影响地区的经济社会分析。

本节首先以2012年重庆投入产出表为基础，采用RAS法[又名双比例平衡法或双比例尺度法（biproportional scaling method）]将投入产出表更新到含有页岩气产业的2015年重庆投入产出表；其次进行2015年重庆投入产出表中天然气产业和页岩气产业的拆分；再次在投入产出表的基础上建立投入产出测算模型；最后根据投入产出测算模型测算页岩气开发对重庆经济总产出、增加值、税收和就业等的影响，并分析重庆页岩气产业的关联效应和波及效应。

6.2.1 采用 RAS 法更新投入产出表

2012 年重庆投入产出表中尚未纳入页岩气产业相关统计。若采用 2012 年重庆投入产出模型测算页岩气开发对重庆经济社会的影响，将可能导致分析结果出现偏差。

在我国，基准投入产出表是每 5 年编制一次，一般逢尾数是 2 和 7 的年份编制基准表，如 2012 年和 2017 年，而逢尾数是 0 和 5 的年份编制基准表的延长表，如 2010 年和 2015 年。一般情况下，基准投入产出表公布年份距编表年至少会有 2～3 年的时间，对于经济结构变化剧烈的转型经济体来说，较长的编表周期带来的投入产出表数年滞后，可能会导致分析结果严重偏差（柳阳，2015）。为了缩短编表时间，本书采用能以较快速度、较小成本完成编表工作且精度损失不大的非调查方法对重庆投入产出表进行更新。

本书以《2012 年重庆投入产出表》为基本数据来源，以《2015 年重庆统计年鉴》和《2015 年重庆国民经济与社会发展统计公报》所提供的数据为补充，采用 RAS 法对投入产出表进行更新。RAS 法是英国著名经济学家斯通等在 20 世纪 60 年代最早提出的，经过 50 余年的发展，在实际应用中不断得到改进，目前已有十分广泛的应用（高敏雪，2009；柳阳，2015）。

本书以 2012 年作为基准年，以 2015 年作为目标年。第一，获取 2015 年重庆投入产出表的控制量，包括 2015 年各部门的总产出、各部门中间投入合计和各部门中间使用合计。第二，利用 2012 年中间投入矩阵与总产出的数据，计算直接消耗系数，将最开始得到的控制量列于直接消耗系数矩阵的右侧。第三，用 2015 年的总产出乘以 2012 年的直接消耗系数矩阵，得到一个中间投入矩阵。第四，计算中间投入矩阵的行和，并与控制量进行对比，计算两者的比例。第五，进一步计算列和，与控制量进行对比，计算两者的比例，控制量仍为分子，列和为分母。第六，将中间投入矩阵按列乘以相应比例，得到一个新矩阵，此时会发现满足列约束，但行和又不相等了，因此重复上面的步骤，进入迭代程序，直到行比例和列比例都非常接近于 1，同时满足了行约束和列约束（许健和肖丽，2008；郝海岗，2009；王涛，2015；柳阳，2015）。

运用 RAS 法，本书得到了 2015 年的重庆投入产出表。

6.2.2 天然气与页岩气产业拆分

更新的 2015 年投入产出表中，页岩气产业部门是包含在石油和天然气开采产品部门中的，重庆不出产石油，因此，仅需要拆分开采方式不同、成本结构各异的常规天然气与页岩气。目前已知天然气和页岩气产量、天然气和页岩气（成本价格）井口价格，2015 年重庆天然气产量 69.31 亿 m^3，页岩气产量 33.97 亿 m^3，天然气井口价格按 0.6 元/m^3 计算，页岩气价格按 1.35 元/m^3 计算。根据 2015 年重庆天然气和页岩气的产量和价格，可分别得到天然气和页岩气的产出，根据 2012 年天然气投入产出结构，结合页岩气投入产出的调研，本书最终得到拆分后的含页岩气产业的重庆 43 个部门的投入产出表。2015 年含有页岩气产业的重庆 43 部门投入产出表见附录 1。

6.2.3 投入产出模型建立

国内生产总值按照支出法核算主要由居民消费、政府消费、固定资本形成总额、存货增加、净出口构成，其中固定资本形成总额是最终需求的主要组成部分，是国民经济持续、稳定、快速增长的关键因素，是促进社会经济增长的重要动力。当政府实施扩张性的财政政策、增加固定资产投资时，就会直接带动建筑业、工业投资品部门等的发展，并通过产业之间的波及带动作用，拉动其他相关部门生产规模的扩大和 GDP 的增长。

根据《重庆市页岩气产业发展规划（2015—2020 年）》，在页岩气开发投资方面，到 2020 年，重庆页岩气勘探开发将累计投资 1 654 亿元，其中勘探开发累计投资 1 200 亿元、管网建设累计投资 47 亿元、页岩气综合利用累计投资 289 亿元、装备制造累计投资 118 亿元。根据重庆页岩气产业的投资额，再利用重庆调研页岩气开发成本相关投入产出调查表，得到重庆页岩气开发全社会各部门的固定资本形成。

在包含有页岩气的 2015 年重庆投入产出表中，首先求出 43 个部门的直接消耗系数 A，其次在直接消耗系数的基础上得到列昂惕夫逆矩阵 $(I-A)^{-1}$，最后根据投入产出模型公式，得出各部门产出。

$$X=(I-A)^{-1}Y \quad (6\text{-}1)$$

式中，X为重庆各行业的产出，$(I-A)^{-1}$为列昂惕夫逆矩阵，Y为需求列向量。

页岩气开发能产生直接经济效应、间接经济效应和引致经济效应，其中，直接经济效应是指页岩气产业发展的直接投入；间接经济效应是指该投入带动重庆其他行业的产出相应增加；引致经济效应是指重庆所有行业生产扩大后，带来居民收入的增加、消费的扩大，这部分消费增量还会进一步刺激全行业生产增长。

直接经济效应和间接经济效应采用投入产出模型测算，引致经济效应采用投入产出—局部闭模型进行测算。

本书将固定资本形成作为需求而通过投入产出模型测算的产出作为直接产出和间接产出的和，而引致产出则由劳动报酬中的居民消费作为需求而通过投入产出模型测算得出。各增加值、税收和就业则通过各行业产出与各行业增加值率系数、各行业税收系数和各行业就业系数相乘得到，其中重庆各行业就业人数来自课题组资料归纳总结。

根据各行业相关性，本书将43个行业部门进行了合并，最终得到20个行业部门。例如，将煤炭采选产业、石油和天然气开采产业和金属矿采选产业等采选合并为采矿业；将通用设备、专用设备和交通运输设备等设备制造合并为设备制造业；将化学产品和非金属矿物制品等非设备制造业合并为其他制造业；将电力、热力的生产和供应，燃气生产和供应、水的生产和供应合并为公用事业等。通过模型测算了页岩气开发带来的行业总产出、直接产出、间接产出和引致产出；总增加值、直接增加值、间接增加值和引致增加值；总税收、直接税收、间接税收和引致税收；总就业人数、直接就业人数、间接就业人数和引致就业人数。

6.2.4 页岩气开发经济社会影响测算

（1）页岩气开发产出的测算

通过投入产出模型测算得到的行业总产出、直接产出、间接产出和引致产出见图6-1。由模型测算结果可知，到2020年重庆页岩气产业发展累计带来的经济总产出是6 357.3亿元，根据重庆累计投资1 654亿元测算，即重庆每1元的固定投资，带来的总产出是 3.84 元。其中，直接经济产出 1 654 亿元、间接经济产出和引致经济产出分别是 3 143.2 亿元和 1 560 亿元。

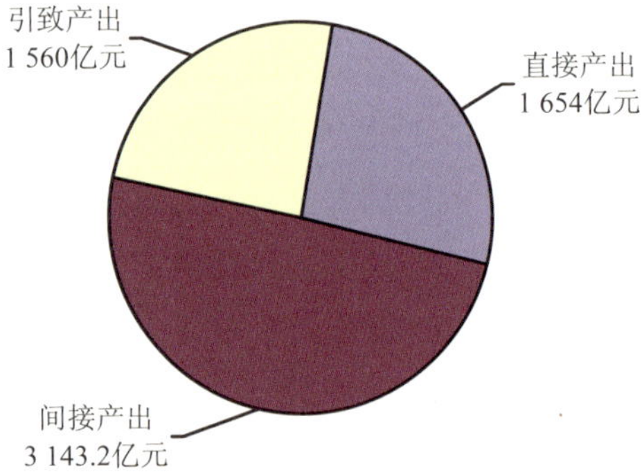

图 6-1　重庆页岩气开发产出

分行业产出见表 6-4。从分行业来看，总产出排在前五位的是其他制造、采矿、建筑、设备制造、批发和零售，分别占总产出的 28.60%、12.63%、11.84%、11.18% 和 6.38%；直接产出排在前三位的是建筑、采矿、批发和零售，分别占总直接产出的 43.55%、28.32%和 13.90%；间接产出排在前三位是其他制造、设备制造和公用事业，分别占总间接产出的 40.85%、14.64%和 9.39%；引致产出排在前三位的是其他制造、设备制造、农林牧渔产品和服务，分别占总引致产出的 33.54%、12.98% 和 9.24%。

表 6-4　重庆页岩气开发分行业产出　　单位：亿元

行业	直接产出	间接产出	引致产出	总产出
农林牧渔产品和服务	4.8	33.0	144.2	182.0
采矿	468.4	279.9	54.5	802.9
设备制造	47.9	460.1	202.5	710.5
其他制造	10.9	1 283.9	523.3	1 818.2
公用事业	5.6	295.1	89.3	390.0
建筑	720.3	22.2	10.3	752.8
批发和零售	229.9	81.5	94.0	405.4
交通运输、仓储和邮政	37.4	194.8	60.8	292.9

行业	直接产出	间接产出	引致产出	总产出
住宿和餐饮	0.7	52.1	59.0	111.8
信息传输、软件和信息技术服务	6.2	45.9	33.1	85.2
金融	0.6	191.9	91.1	283.5
房地产	39.2	43.4	44.1	126.7
租赁和商务服务	0.6	82.5	39.7	122.8
科学研究和技术服务	68.2	39.1	4.3	111.7
水利、环境和公共设施管理	9.5	1.7	5.6	16.9
居民服务、修理和其他服务	0.4	16.5	18.1	35.0
教育	1.3	6.5	24.3	32.0
卫生和社会工作	1.3	0.0	43.3	44.6
文化、体育和娱乐	0.6	12.1	10.0	22.7
公共管理、社会保障和社会组织	0.3	0.9	8.5	9.7
总计	1 654.0	3 143.2	1 560.0	6 357.3

（2）页岩气开发增加值的测算

由模型测算结果可知，到 2020 年重庆页岩气开发累计总增加值为 2 294.1 亿元，其中直接增加值 633 亿元、间接增加值和引致增加值分别为 1 021 亿元和 640.1 亿元（图 6-2）。

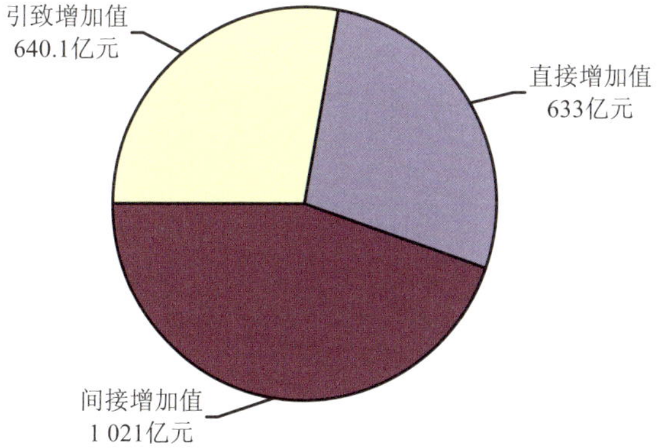

图 6-2　重庆页岩气开发增加值

分行业增加值见表 6-5。从分行业增加值来看，总增加值排在前五位的是其他制造、采矿、批发和零售、金融和建筑，分别占总增加值的 16.56%、14.30%、13.22%、8.30%和 7.31%；直接增加值排在前三位的是采矿、批发和零售、建筑，分别占总直接增加值的 30.33%、27.16%和 25.32%；间接增加值排在前三位的是其他制造、金融和采矿，分别占总间接增加值的 24.68%、12.62%和 11.08%；引致增加值排在前三位的是其他制造、农林牧渔产品和服务、批发和零售，分别占总引致增加值的 19.56%、15.15%和 10.98%。

表 6-5　重庆页岩气开发分行业增加值　　单位：亿元

行业	直接增加值	间接增加值	引致增加值	总增加值
农林牧渔产品和服务	3.2	22.2	97.0	122.4
采矿	192.0	113.1	23.1	328.1
设备制造	9.1	80.7	28.1	118.0
其他制造	2.8	252.0	125.2	380.0
公用事业	1.8	102.3	31.4	135.5
建筑	160.3	4.9	2.3	167.6
批发和零售	171.9	61.0	70.3	303.2
交通运输、仓储和邮政	18.4	95.7	29.9	144.0
住宿和餐饮	0.3	23.9	27.1	51.3
信息传输、软件和信息技术服务	3.4	25.3	18.2	46.9
金融	0.4	128.8	61.1	190.3
房地产	35.1	38.9	39.5	113.5
租赁和商务服务	0.2	34.4	16.6	51.3
科学研究和技术服务	24.7	14.2	1.6	40.5
水利、环境和公共设施管理	6.8	1.2	4.0	12.0
居民服务、修理和其他服务	0.2	9.7	10.7	20.6
教育	1.0	5.2	19.5	25.7
卫生和社会工作	0.7	0.0	23.5	24.2
文化、体育和娱乐	0.3	6.9	5.7	12.8
公共管理、社会保障和社会组织	0.2	0.6	5.6	6.4
总计	633.0	1 021.0	640.1	2 294.1

（3）页岩气开发税收贡献的测算

由模型测算结果可知，到 2020 年重庆页岩气开发累计总税收收入为 341.4 亿元，其中直接税收收入 96.2 亿元、间接税收收入和引致税收收入分别为 157.7 亿元和 87.5 亿元（图 6-3）。

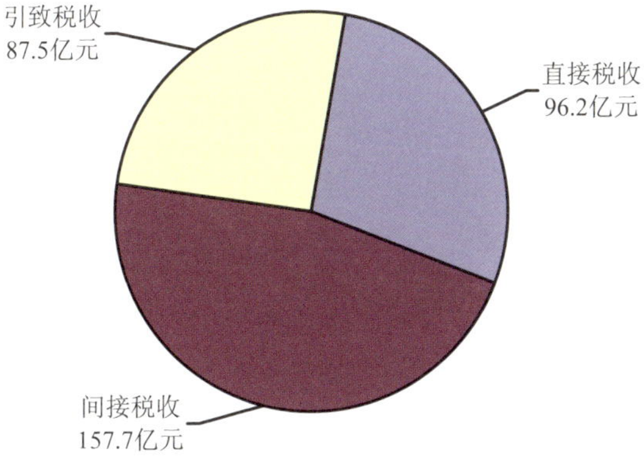

图 6-3　重庆页岩气开发税收收入

分行业税收收入见表 6-6。分行业来看，总税收收入排在前五位的是批发和零售、其他制造、采矿、金融和房地产，分别占总税收收入的 22.88%、19.68%、11.28%、8.58%和 7.76%；直接税收收入排在前三位的是批发和零售、建筑和采矿，分别占 46.05%、23.80%和 14.35%；间接税收收入排在前三位是其他制造、采矿和金融，分别占 25.68%、13.19%和 12.56%；引致税收收入排在前三位的是其他制造、批发和零售、金融，分别占 29.49%、20.69%和 10.74%。

表 6-6　重庆页岩气开发分行业税收收入　　单位：亿元

行业	直接税收收入	间接税收收入	引致税收收入	总税收收入
农林牧渔产品和服务	0	0.1	0.4	0.5
采矿	13.8	20.8	3.9	38.5
设备制造	1.7	14.5	4.9	21.1
其他制造	0.9	40.5	25.8	67.2
公用事业	0.3	15.4	4.6	20.3
建筑	22.9	0.7	0.3	23.9

行业	直接税收收入	间接税收收入	引致税收收入	总税收收入
批发和零售	44.3	15.7	18.1	78.1
交通运输、仓储和邮政	1.7	8.9	2.8	13.4
住宿和餐饮	0	1.5	1.7	3.2
信息传输、软件和信息技术服务	0.3	2.4	1.8	4.5
金融	0.1	19.8	9.4	29.3
房地产	8.2	9.1	9.2	26.5
租赁和商务服务	0	6.5	3.1	9.6
科学研究和技术服务	1.6	0.9	0.1	2.6
水利、环境和公共设施管理	0.3	0.1	0.2	0.6
居民服务、修理和其他服务	0	0.6	0.6	1.2
教育	0	0	0.1	0.1
卫生和社会工作	0	0	0.2	0.2
文化、体育和娱乐	0	0.3	0.3	0.6
公共管理、社会保障和社会组织	0	0	0	0
总计	96.2	157.7	87.5	341.4

（4）页岩气开发就业影响的测算

由模型测算结果可以看出，到 2020 年重庆页岩气开发累计总就业人数为 91.6 万人，其中直接就业人数为 8.4 万人，间接就业人数和引致就业人数分别为 47.6 万人和 35.6 万人（图 6-4）。

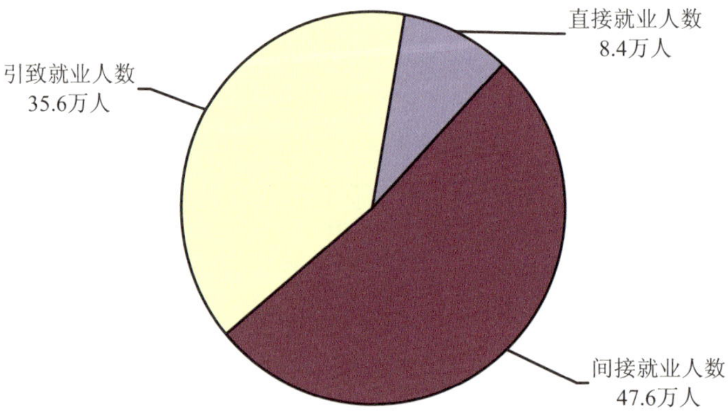

图 6-4 重庆页岩气开发就业人数

分行业就业人数见表6-7。从分行业就业人数来看，总就业人数排在前五位的是农林牧渔产品和服务，设备制造，交通运输、仓储和邮政，批发和零售，其他制造，分别占总就业人数的50.00%、9.70%、6.65%、6.28%和6.19%。直接就业人数排在前三位的是批发和零售，农林牧渔产品和服务，交通运输、仓储和邮政，分别占24.92%、20.55%和17.44%；间接就业人数排在前三位是农林牧渔产品和服务，交通运输、仓储和邮政，设备制造，分别占16.62%、16.08%和16.02%；引致就业人数排在前三位的是农林牧渔产品和服务、其他制造、批发和零售，分别占22.84%、13.92%和13.89%。

表6-7　重庆页岩气开发分行业就业人数　　单位：万人

行业	直接就业人数	间接就业人数	引致就业人数	总就业人数
农林牧渔产品和服务	1.7	7.9	8.1	17.7
采矿	0.2	2.1	0.4	2.7
设备制造	0.9	7.6	3.7	12.2
其他制造	0.1	3.3	5.0	8.4
公用事业	0.1	3	0.8	3.9
建筑	0	1.5	0.7	2.2
批发和零售	2.1	4.3	4.9	11.3
交通运输、仓储和邮政	1.5	7.7	2.4	11.6
住宿和餐饮	0	1	1.1	2.1
信息传输、软件和信息技术服务	0.1	0.4	0.3	0.8
金融	0	5.7	2.7	8.4
房地产	0.7	0.8	0.8	2.3
租赁和商务服务	0	1.1	0.6	1.7
科学研究和技术服务	0.9	0.5	0.1	1.5
水利、环境和公共设施管理	0.1	0	0.1	0.2
居民服务、修理和其他服务	0	0	0.0	0
教育	0.1	0.5	2.0	2.6
卫生和社会工作	0	0	1.3	1.3
文化、体育和娱乐	0	0.1	0.1	0.2
公共管理、社会保障和社会组织	0	0.1	0.6	0.7
总计	8.4	47.6	35.6	91.6

由模型测算页岩气开发对重庆经济社会影响可知，重庆页岩气开发累计总增加值为 2 294 亿元，以重庆 2016 年 GDP 17 558.76 亿元计算，则年均 GDP 贡献 3.27 个百分点；累计总税收收入为 341.4 亿元，以重庆 2016 年税收收入 1 438.4 亿元计算，则年均税收收入贡献 5.93 个百分点；累计总就业人数 91.6 万人，以重庆 2016 年就业人数 176 万人计算，则年均就业人数贡献 1.3 个百分点。

6.2.5 页岩气产业关联效应与波及效应分析

（1）页岩气产业关联效应分析

产业关联效应主要包括前向关联（前向效应）和后向关联（后向效应），其中前向关联是通过供给关系与其他产业部门发生的关联，后向关联是通过需求关系与其他产业部门发生的关联。

1）页岩气产业与前向关联产业的关联度分析

页岩气产业的前向关联是指页岩气作为生产资料提供给其他产业，其他产业在生产过程中直接或间接地消耗页岩气，反映了页岩气产品分配给其他部门而对其他部门的推动作用。页岩气产品在各个产业中投入的份额直接反映了页岩气产业与前向关联产业的关联作用，投入份额越大，说明页岩气产业对其他产业的推动作用和供给影响作用越大、产业间依存关系越密切（姚丽，2012）。

①页岩气产业与前向关联产业的直接关联度分析

页岩气产业与前向关联产业的直接关联度可通过直接分配系数进行测算，直接分配系数是部门产品分配给其他产业作为中间产品直接使用的价值占该产品总产出的比例。页岩气产业直接分配系数越大，说明其他产业对页岩气产业的直接需求越大，页岩气产业的直接供给推动作用越明显（鄢慧丽，2012）。其计算公式为

$$r_{ij} = x_{ij} / x_i \quad (i,\ j = 1,\ 2,\ \cdots,\ n) \tag{6-2}$$

式中，r_{ij} 表示直接分配系数；x_{ij} 表示第 i 部门提供给第 j 部门的使用量；x_i 表示第 i 部门的总供给量。

页岩气与其他行业直接分配系数的测算结果（前十位）见表 6-8。

表 6-8　页岩气与其他行业直接分配系数测算结果

排序	行业	直接分配系数
1	化学产品	0.319 060
2	燃气生产和供应	0.249 823
3	石油、炼焦产品和核燃料加工	0.137 665
4	非金属矿物制品	0.084 554
5	金属冶炼和压延加工	0.045 820
6	交通运输设备	0.041 902
7	电力、热力的生产和供应	0.019 474
8	金属制品	0.016 894
9	非金属矿和其他矿采选	0.013 992
10	食品和烟草	0.011 373

从表 6-8 中可以看出，页岩气产业有效地推动了化学产品、燃气生产和供应等相关产业部门的发展。页岩气产业每产出 1 万元的产品，其中作为中间品再次投入化学产品的为 3 190 元、投入燃气生产和供应的为 2 498 元。表中产业部门的发展需要页岩气产业的产品作为生产投入品，页岩气产业对这些产业起到不同程度的推动作用。

②页岩气产业与前向关联产业的完全关联度分析

页岩气产业与前向关联产业的完全关联度可通过完全分配系数进行测算。其计算公式为

$$D = (I-R)^{-1} - I \tag{6-3}$$

式中，D 表示完全分配系数；R 表示直接分配矩阵；I 表示单位矩阵。

表 6-9 页岩气与其他行业完全分配系数测算结果

排序	行业	完全分配系数
1	化学产品	0.488 381
2	燃气生产和供应	0.293 905
3	建筑	0.254 826
4	交通运输设备	0.199 205
5	非金属矿物制品	0.148 237
6	石油、炼焦产品和核燃料加工	0.142 014
7	交通运输、仓储和邮政	0.112 634
8	金属冶炼和压延加工	0.110 815
9	电气机械和器材	0.047 162
10	食品和烟草	0.040 586

从表 6-9 中可以看出，与页岩气产业有密切的前向完全联系的产业部门主要有化学产品、燃气生产和供应、建筑等。

2）页岩气产业与后向关联产业的关联度分析

页岩气产业的后向关联是指在生产开采页岩气过程中，需要其他产业提供的产品或服务作为生产资料，在生产过程中直接或间接地消耗其他产业提供的产品或服务，反映了产品生产过程中对其他部门的拉动作用。

①页岩气产业与后向关联产业的直接关联度分析

页岩气产业与后向关联产业的直接关联度可通过直接消耗系数进行测算（表 6-10）。页岩气产业直接消耗系数越大，说明页岩气产业对其他产业的直接需求越大，页岩气产业的直接拉动作用越明显。其计算公式为

$$a_{ij} = x_{ij} / x_j \quad (i,\ j = 1,\ 2,\ \cdots,\ n) \tag{6-4}$$

式中，a_{ij} 表示直接消耗系数；x_{ij} 表示第 j 部门产品对第 i 部门产品的消耗量；x_i 表示第 j 部门产品的各部门总投入。

表6-10 页岩气与其他行业直接消耗系数测算结果

排序	行业	直接消耗系数
1	专用设备	0.133 947
2	仪器仪表	0.090 811
3	科学研究和技术服务	0.089 429
4	信息传输、软件和信息技术服务	0.080 553
5	化学产品	0.063 424
6	住宿和餐饮	0.059 057
7	交通运输、仓储和邮政	0.055 406
8	金属冶炼和压延加工	0.038 804
9	通用设备	0.036 579
10	电力、热力的生产和供应	0.029 830

从表6-10中可以看出，页岩气产业有效地拉动了专用设备和仪器仪表等相关产业部门的发展。

②页岩气产业与后向关联产业的完全关联度分析

页岩气产业与后向关联产业的完全关联度可通过完全消耗系数进行测算（表6-11）。其计算公式为

$$B=（I-A）^{-1}-I \qquad (6\text{-}5)$$

式中，B表示完全消耗系数；A表示直接消耗矩阵；I表示单位矩阵。

表6-11 页岩气与其他行业完全消耗系数测算结果

排序	行业	完全消耗系数
1	金属冶炼和压延加工	0.231 661
2	化学产品	0.187 433
3	专用设备	0.158 174
4	通信设备、计算机和其他电子设备	0.153 634
5	仪器仪表	0.145 192
6	交通运输、仓储和邮政	0.137 296
7	电力、热力的生产和供应	0.129 512
8	金融	0.124 013
9	信息传输、软件和信息技术服务	0.114 397
10	科学研究和技术服务	0.113 868

从表 6-11 中可以看出，与页岩气产业有密切的后向完全联系的产业部门主要有金属冶炼和压延加工、化学产品和专用设备等。

通过对页岩气产业前后关联效应评估得出，页岩气产业有效地推动了化学产品和燃气生产和供应等相关产业部门的发展。与页岩气产业有密切的前向完全联系的产业部门主要有化学产品、燃气生产和供应和建筑业等。与页岩气产业有密切的后向完全联系的产业部门主要有金属冶炼和压延加工、化学产品和专用设备等。总体来看，页岩气产业的前向关联比后向关联要大，说明页岩气的推动能力大于其拉动能力。这与页岩气主要作为产品提供给其他产业部门有关。

（2）页岩气产业波及效应分析

1）页岩气产业的感应度系数

产业感应度反映了国民经济各产业变动后使某一产业受到的感应能力，表现为该产业受到国民经济发展的拉动能力（刘晓欣等，2011）。其计算公式为

$$\Phi_j = \frac{\sum_{j=1}^{n} A_{ij}}{\frac{1}{n}\sum_{i=1}^{n}\sum_{j=1}^{n} A_{ij}} \quad (i=1，2，\cdots，n) \tag{6-6}$$

式中，Φ_j 为 j 部门感应度系数，A_{ij} 为 $(I-A)^{-1}$ 中第 i 行第 j 列的系数。

页岩气与其他行业感应度系数测算结果见表 6-12。

表 6-12 页岩气与其他行业感应度系数测算结果

排序	行业	感应度系数
1	金属冶炼和压延加工	3.362 8
2	通信设备、计算机和其他电子设备	2.782 2
3	化学产品	2.519 7
4	电力、热力的生产和供应	2.284 8
5	金融	2.140 0
6	交通运输、仓储和邮政	1.832 4
7	煤炭采选产品	1.578 4

排序	行业	感应度系数
8	交通运输设备	1.513 5
9	批发和零售	1.505 3
10	通用设备	1.212 1
11	造纸印刷和文教体育用品	1.147 8
12	农林牧渔产品和服务	1.091 1
13	食品和烟草	1.034 6
14	租赁和商务服务	1.028 8
15	石油、炼焦产品和核燃料加工	0.926 0
16	电气机械和器材	0.896 0
17	金属制品	0.839 2
18	住宿和餐饮	0.810 1
19	信息传输、软件和信息技术服务	0.809 4
20	天然气开采产品	0.791 9
21	房地产	0.785 6
22	仪器仪表	0.772 3
23	金属矿采选产品	0.737 7
24	专用设备	0.734 6
25	金属制品、机械和设备修理服务	0.716 8
26	非金属矿物制品	0.693 6
27	废品废料	0.652 9
28	纺织服装鞋帽皮革羽绒及其制品	0.612 1
29	纺织品	0.605 5
30	科学研究和技术服务	0.582 8
31	页岩气开采产品	0.568 2
32	非金属矿和其他矿采选产品	0.554 8
33	居民服务、修理和其他服务	0.554 7
34	木材加工品和家具	0.537 2

排序	行业	感应度系数
35	燃气生产和供应	0.510 8
36	文化、体育和娱乐	0.462 6
37	其他制造产品	0.461 1
38	建筑	0.447 8
39	水的生产和供应	0.419 2
40	教育	0.402 6
41	水利、环境和公共设施管理	0.367 2
42	公共管理、社会保障和社会组织	0.362 4
43	卫生和社会工作	0.351 5

2）页岩气产业的影响力系数

影响力系数是某产业的影响力与国民经济各产业影响力的平均水平之比，反映了某产业对国民经济发展影响程度大小的相对水平（刘存斌，2012；鄢慧丽，2012）。

$$\delta_j = \frac{\sum_{i=1}^{n} A_{ij}}{\frac{1}{n}\sum_{j=1}^{n}\sum_{i=1}^{n} A_{ij}} \quad （j=1，2，\cdots，n） \tag{6-7}$$

式中，δ_j 为 j 部门影响力系数，A_{ij} 为（$I-A$）$^{-1}$ 中第 i 行第 j 列的系数。

页岩气与其他行业影响力系数测算结果见表 6-13。

表 6-13　页岩气与其他行业影响力系数测算结果

排序	行业	影响力系数
1	通信设备、计算机和其他电子设备	2.005 0
2	电气机械和器材	1.531 1
3	交通运输设备	1.414 5
4	金属冶炼和压延加工	1.339 7

排序	行业	影响力系数
5	金属制品	1.319 6
6	专用设备	1.307 0
7	废品废料	1.291 3
8	通用设备	1.274 7
9	其他制造产品	1.258 5
10	建筑	1.224 6
11	仪器仪表	1.211 7
12	页岩气开采产品	1.207 0
13	非金属矿和其他矿采选产品	1.205 6
14	燃气生产和供应	1.173 2
15	木材加工品和家具	1.123 7
16	金属制品、机械和设备修理服务	1.119 4
17	造纸印刷和文教体育用品	1.103 2
18	化学产品	1.098 8
19	石油、炼焦产品和核燃料加工	1.098 2
20	非金属矿物制品	1.088 2
21	科学研究和技术服务	1.041 9
22	纺织服装鞋帽皮革羽绒及其制品	1.023 2
23	天然气开采产品	0.977 2
24	电力、热力的生产和供应	0.969 2
25	金属矿采选产品	0.966 5
26	纺织品	0.957 6
27	食品和烟草	0.927 7
28	信息传输、软件和信息技术服务	0.863 4
29	交通运输、仓储和邮政	0.863 3
30	住宿和餐饮	0.800 3
31	卫生和社会工作	0.798 5

排序	行业	影响力系数
32	煤炭采选产品	0.768 9
33	租赁和商务服务	0.763 9
34	文化、体育和娱乐	0.726 0
35	居民服务、修理和其他服务	0.716 1
36	公共管理、社会保障和社会组织	0.630 1
37	水利、环境和公共设施管理	0.604 1
38	农林牧渔产品和服务	0.599 9
39	金融	0.596 9
40	批发和零售	0.527 0
41	水的生产和供应	0.524 7
42	教育	0.518 7
43	房地产	0.439 9

通过对页岩气产业的波及效应进行评估得出，页岩气产业的感应度系数为0.568 2，页岩气产业的影响力系数为1.207 0，页岩气产业的影响力系数大于感应度系数，说明页岩气产业而对于整个国民经济的推动作用要大于其本身受到国民经济发展的拉动作用。

6.3 页岩气开发对重庆环境影响分析

6.3.1 重庆页岩气开发区环境特征

重庆地处四川盆地东南丘陵山地区，其地貌类型复杂多样，以山地和丘陵为主，境内喀斯特地貌分布广泛。页岩气开发区内水资源丰富，主要有长江、嘉陵江两条大的河流，以及乌江、涪江、綦江和大宁河等（王博为等，2016）。重庆位于北半球副热带内陆地区，属于亚热带季风性湿润气候，页岩气开发区内河流大多属于雨水补给型河流，因季风降水径流比较丰富，夏季多洪水，秋季多汛期（林孝松等，2013）。境内流域面积大于 100 km^2 的河流有 274 条，其中流域面积大于 1 000 km^2 的河流有 42 条。2016 年地表水资源量为 604.87 亿 m^3；降水量大，2016 年平均降水量为 1 236.8 mm，折合年降水量为 1 019.17 亿 m^3。重庆处于东亚季风区，冬季盛行偏北风，夏季盛行偏南风，平均风速 1.12 m/s，西北部平均风速最大，达 1.26 m/s，东南部平均风速最小，为 0.9 m/s；秋季平均风速最大，春季次之，冬季最小。

6.3.2　重庆页岩气开发区水资源分析

（1）水资源分布情况

根据页岩气产业“十三五”规划，页岩气主要开发区块包括宣汉—巫溪、忠县—丰都、彭水、綦江、荣昌—永川等。各个区块的地表水系及水资源情况如下：

宣汉县境内流域面积 100 km^2 以上的河流有 3 条，流域面积 50 km^2 以上的有 9 条，多年平均径流量 26.4 亿 m^3。巫溪县境内有大宁河等 15 条主要河流，均属长江水系，年地表径流量 34.6 亿 m^3。忠县境内有 28 条溪河汇入长江，流域面积大于 50 km^2 的河流有 8 条，多年平均径流量 11.48 亿 m^3，另有过境径流量 3 910 亿 m^3。丰都县境内河流主要有长江及其支流龙河、渠溪河、碧溪河，年地表径流量约 3.0 亿 m^3。彭水县境内河流属长江水系，主要有乌江、郁江、普子河、芙蓉江、长溪河和诸佛江等 25 条较大的河流，年径流量 40.68 亿 m^3。綦江区境内溪河纵横，水系发达，其中綦江河系境内第一大河流，为长江一级支流，多年平均径流量 38.5 亿 m^3。荣昌区境内有大小溪河 151 条，重要的有 25 条，多属沱江水系，径流量 3.25 亿 m^3，其中濑溪河和清流河是境内两条较大的河流。永川区境内主要有小安溪、临江河、大陆溪、九龙河、圣水河和龙溪河等 6 条河流，均属长江水系。

重庆各页岩气区块所在行政区内地表水系发达，河流众多，水资源分布广泛，但重庆以山地和丘陵为主的地形地貌给实际引水工程带来了挑战。

（2）水资源供应情况

根据重庆页岩气产业“十三五”规划中的页岩气钻采计划，计算各区块的人均用水量、页岩气开发用水量、开发用水占总用水量的比例以及开发用水占水资源总量的比例，结果见表 6-14。从表 6-14 可以看出，在人均水资源量方面，綦江、荣昌—永川、忠县—丰都区块较低，均低于 2016 年全国人均水资源量 2 262 m^3，属于缺水地区，特别是荣昌—永川区块，人均水资源量仅为 884 m^3，未来进行页岩气开发需要考虑对水资源的影响；而彭水、宣汉—巫溪区块人均水资源量较高。但从“十三五”规划的各区块页岩气开发用水占总用水量的比例来看，页岩气开发用水占比较小，均不到 1%。

表 6-14 重庆页岩气开发区水资源供应分析

页岩气开发区	水资源量/亿 m^3	人均水资源量/m^3	总用水量/亿 m^3	生活用水量/亿 m^3	生产用水量/亿 m^3	页岩气开发用水量/亿 m^3	开发用水占总用水量比例/%	开发用水占总水资源量比例/%
宣汉—巫溪	109.15	6 367	2.622 3	0.473 8	2.130 9	0.020 1	0.82	0.004 6
忠县—丰都	28.9	2 217	2.708 0	0.498 4	2.182 1	0.014 7	0.26	0.012 7
彭水	38.83	7 668	0.894 5	0.200 9	0.684 5	0.045 0	0.87	0.029 0
綦江	15.42	1 430	2.498 5	0.339 5	2.142 2	0.010 5	0.29	0.017 0
荣昌—永川	15.88	884	4.875 2	0.831 9	3.987 6	0.010 5	0.11	0.016 5

数据来源：①四川宣汉数据来源于《2016 年宣汉县国民经济和社会发展统计公报》。
②其他数据来源于《2016 年重庆水资源公报》。

6.3.3 重庆页岩气开发区生态环境分析

（1）页岩气开发区与五大功能区关系

重庆综合考虑人口、资源、环境、经济、社会和文化等因素，划分为五大功能区：都市功能核心区、都市功能拓展区、城市发展新区、渝东北生态涵养发展区和渝东南生态保护区。渝东北生态涵养发展区和渝东南生态保护区是重庆的重要生态区，主要为了在发展中加强生态保护、在增强生态涵养中加快发展。重庆市五大功能区见图 6-5。

图 6-5　重庆五大功能区

图片来源：重庆市政府网站。

从图 6-5 可以看出，页岩气的重点开发区域宣汉—巫溪区块和忠县—丰都区块位于渝东北生态涵养发展区；彭水区块位于渝东南生态保护区。从渝东北和渝东南的发展定位和生态保护要求来看，开发以上区块需要注意加强生态环境保护。綦江和荣昌—永川区块位于城市发展新区，生态保护要求相对较低。

（2）页岩气开发区与生态功能区关系

《重庆市重点生态功能区保护和建设规划（2011—2030 年）》将重庆划分为 5 个一级生态区和 14 个二级生态区，不同生态区的生态功能和生态敏感性不同。重庆页岩气开发区生态环境状况见表 6-15。

表 6-15 重庆页岩气开发区生态环境状况

页岩气开发区	石漠化敏感性	生物多样性	土壤侵蚀敏感性
宣汉—巫溪	较高	极重要	较高
忠县—丰都	较高	中等重要	较高
彭水	较高	极重要	极高
綦江	较低	中等重要	较高
荣昌—永川	较低	较重要	较低

资料来源：《重庆市重点生态功能区保护和建设规划（2011—2030 年）》。

石漠化程度高的区域主要分布在喀斯特地貌发育的渝东南地区和渝东北地区，渝西地区等其他广大地区石漠化程度较低。其中巫溪、忠县、丰都和彭水石漠化敏感性较高；綦江、荣昌和永川石漠化敏感性较低。

生物多样性与地形、水资源分布直接相关，地势较高的属于生物多样性极重要地区，渝中区等地势较低、经济发达区域生物多样性重要性相对较低。其中巫溪和彭水生物多样性极重要；忠县、丰都和綦江生物多样性中等重要；荣昌和永川生物多样性较重要。

土壤侵蚀敏感性方面，彭水区块土壤侵蚀敏感性极高；巫溪、忠县、丰都和綦江土壤侵蚀敏感性较高；荣昌和永川土壤侵蚀敏感性较低。

页岩气开发中要特别关注开发区的生态环境，注意在开发中保护生态环境，促进资源开发与生态环境的可持续发展。

6.3.4 重庆页岩气开发带来的不利环境影响

重庆页岩气的大规模开发将会造成水资源消耗，可能带来水环境污染、温室气体排放和生态环境破坏等不利环境影响。前面章节已定量和定性分析了重庆涪陵页岩气开发的水环境污染和生态环境影响，本节主要测算重庆页岩气产业“十三五”规划实施带来的水资源消耗量与温室气体排放量。

（1）水资源消耗量

重庆涪陵单井新水消耗量平均为 28 000 m^3，根据重庆未来的钻井计划，2017—2020 年整个重庆计划钻井数为 460 口，则 2017—2020 年页岩气开发新水消耗累计总量为 1 288 万 m^3，平均 322 万 m^3/a（表 6-16）。根据 2015 年重庆市水资源公报，

2014 年重庆水资源供给量为 80.46 亿 m^3，则页岩气水资源消耗量占当地用水总量的 0.04%，再考虑重复压裂的话，按每口井生命周期内压裂 3 次，页岩气水资源消耗量也仅占当地用水总量的 0.12%，不会造成显著的额外供水压力。

表 6-16　2020 年重庆页岩气开发累计水资源消耗量

单井新水耗/m^3	计划钻井数/口	新水消耗总量/万 m^3	年水资源供给量/亿 m^3	年均用水比例
28 000	460	1 288	80.46	0.04%或 0.12%①

注：①按单口井压裂 3 次计算。

（2）温室气体排放量

根据重庆市页岩气产业发展“十三五”规划，2020 年重庆页岩气产量将达到 200 亿 m^3，按页岩气开发全生命周期甲烷损耗 0.99%计，甲烷质量为 0.716 kg/m^3，按 100 年全球增温潜势折算，即 1 t 甲烷等于 25 t 二氧化碳当量，则 2020 年重庆甲烷排放量为 14.18 万 t，折算为二氧化碳当量为 354.5 万 t。

6.3.5　重庆页岩气开发带来的有利环境影响

页岩气在其替代煤炭利用过程中也能产生优化能源消费结构、减排大气污染物和温室气体等间接有利环境影响。本节主要测算重庆页岩气产业“十三五”规划实施带来的有利环境影响。

（1）优化能源消费结构

重庆能源消费结构以煤炭为主，2013 年煤炭消费占总能源消费的 63%，油气消费比例低，其中天然气消费占总能源消费的 13%。《重庆市国民经济和社会发展第十三个五年规划纲要》提出，到 2020 年天然气消费比重提高到 14%以上，天然气（含页岩气）产能达到 400 亿 m^3，产量达到 280 亿 m^3。另外，根据《重庆市页岩气产业发展规划（2015—2020 年）》，到 2020 年，重庆将实现页岩气产能 300 亿 m^3/a，产量达到 200 亿 m^3。从重庆“十三五”规划和页岩气产业“十三五”规划来看，天然气产能目标的实现主要依赖页岩气产业的发展，页岩气贡献了天然气 3/4 的产能和 5/7 的产量。

《重庆市页岩气产业发展规划（2015—2020 年）》提出，到 2020 年，将实现页岩气重庆市内消纳 60 亿 m^3，按 1 亿 m^3 天然气能量约合 1.2×10^5 t 标煤计算，则 60 亿 m^3 约合 7.2×10^6 t 标煤。2020 年重庆天然气消费量和能源消费总量分别为 15.65×10^6 t 标煤和 105.8×10^6 t 标煤，则页岩气占 2020 年重庆天然气消费量和能源消费总量的 46%和 6.8%，对于优化重庆能源消费结构作用显著。

（2）替代煤炭带来环境效益

根据《重庆市页岩气产业发展规划（2015—2020 年）》的规划目标，到 2020 年，重庆市要实现页岩气重庆市内消纳 60 亿 m^3，假设 60%用于替代散煤燃烧，可替代终端消费散烧煤炭 0.06×10^8t，可实现减排二氧化碳 1 042.89 万 t、二氧化硫 5.27 万 t、氮氧化物 0.99 万 t、烟尘 10.07 万 t。页岩气替代煤炭燃烧减排效果显著。

6.4 本章小结

本章主要分析了页岩气开发对重庆经济社会影响和页岩气开发对重庆环境影响两个方面的内容。通过在投入产出表的基础上建立投入产出模型，测算了页岩气开发对重庆经济总产出、增加值、税收和就业等的经济社会影响；定量分析了重庆页岩气产业“十三五”规划实施给重庆带来的环境影响。得到如下结论：

（1）页岩气开发对重庆经济社会影响相关结论

①由模型测算结果可知，到 2020 年重庆页岩气产业发展累计带来的经济总产出为 6 357.3 亿元，重庆每 1 元的固定资本形成，带来的经济总产出为 3.84 元。其中，直接经济产出为 1 654 亿元、间接经济产出和引致经济产出分别为 3 143.2 亿元和 1 560 亿元。分行业来看，对其他制造业、采矿业、建筑业、设备制造业、批发和零售业等行业产出影响大。

②到 2020 年重庆页岩气开发累计总增加值为 2 294.1 亿元，年均 GDP 贡献 3.27 个百分点。其中直接增加值为 633 亿元、间接增加值和引致增加值分别为 1 021 亿元和 640.1 亿元。分行业来看，对其他制造业、采矿业、批发和零售业、金融业和建筑业等行业增加值影响大。

③到 2020 年重庆页岩气开发累计总税收收入为 341.4 亿元，年均税收收入贡献 5.93 个百分点。其中直接税收收入为 96.2 亿元、间接税收收入和引致税收收入分别为 157.7 亿元和 87.5 亿元。分行业来看，对批发和零售业、其他制造业、采

矿业、金融业和房地产业等行业税收收入影响大。

④到 2020 年重庆页岩气开发累计总就业人数为 91.6 万人，年均就业贡献 1.3 个百分点。其中直接就业人数为 8.4 万人，间接就业人数和引致就业人数分别为 47.6 万人和 35.6 万人。分行业来看，对农林牧渔产品和服务业，设备制造业，交通运输、仓储和邮政业，批发和零售业，其他制造品等行业就业影响大。

⑤通过关联效应分析得出页岩气产业的前向关联比后向关联要大，即页岩气的推动能力大于其拉动能力；而通过波及效应分析得出页岩气产业对于整个国民经济的推动作用大于行业平均水平，且大于其本身受到国民经济发展的拉动作用。

（2）页岩气开发对重庆环境影响相关结论

①通过对重庆不同页岩气开发区的水环境分析可知，綦江、荣昌—永川、忠县—丰都区块属于缺水地区，人均水资源量均低于 2016 年全国人均水资源量 2 262 m^3，未来进行页岩气开发需要考虑对水资源的影响；页岩气开发区生态敏感性不同，巫溪、忠县—丰都和彭水区块生态敏感性较高，页岩气开发中要特别注意保护生态环境。

②2017—2020 年页岩气开发新水消耗总量为 1 288 万 m^3，平均 322 万 m^3/a。页岩气水资源消耗量占当地用水总量的 0.04%，再考虑重复压裂的话，页岩气水资源消耗量也仅占当地用水总量的 0.12%，不会造成显著的额外供水压力。

③按规划目标，2020 年重庆页岩气产量将达到 200 亿 m^3，则 2020 年重庆甲烷排放量为 14.18 万 t，折算为二氧化碳当量为 354.5 万 t。

④页岩气规划目标实现后，到 2020 年，将实现页岩气重庆市内消纳 60 亿 m^3，占 2020 年重庆天然气消费量和能源消费总量的 46%和 6.8%，对于优化重庆能源消费结构作用显著。

⑤到 2020 年，重庆市内消纳的 60 亿 m^3 页岩气，假设 60%用于替代散煤燃烧，可替代终端消费散烧煤炭 0.06×10^8t，可实现减排二氧化碳 1 042.89 万 t、二氧化硫 5.27 万 t、氮氧化物 0.99 万 t、烟尘 10.07 万 t，页岩气替代煤炭燃烧减排效果显著。

第7章 页岩气开发对我国经济社会环境综合影响研究

本章首先估算了未来我国页岩气开发产量；其次在页岩气开发产量的基础上，定性和定量分析了页岩气开发对我国的经济社会影响，并定量分析了页岩气开发对我国的环境影响；最后提出在全国进行页岩气开发之前应采取的差异化开发和管理措施。

7.1 我国页岩气开发潜力分析

2017 年我国页岩气产量达到 90 亿 m^3，比上年增长了 15.45%。目前页岩气开发突破主要在涪陵、长宁—威远和昭通等地。其中，涪陵是国内目前最成功的页岩气开发示范基地，2017 年涪陵页岩气田产气 60.04 亿 m^3，产气量占我国页岩气总产气量的 66%；长宁—威远 2017 年页岩气田产气 24.73 亿 m^3；昭通区块 2017 年页岩气田产气 5 亿多 m^3。

从目前技术发展和区块开采情况看，我国已基本掌握 3 500 m 以浅海相页岩气高效开发技术，将为“十三五”页岩气产业加快发展提供有力技术支持；区块开采主要在涪陵、长宁—威远、昭通三大区块。预计在 2025 年之前，我国页岩气开发仍处于技术储备和示范开发期，资源的增加仍以涪陵、长宁—威远、昭通三大区块为主。

预计 2025 年之后，我国 3 500 m 以浅海相页岩气勘探开发技术将更加完善成熟。此外，我国还将突破 3 500 m 以深海相页岩气，以及陆相和海陆过渡相页岩气勘探开发技术；海相、陆相及海陆过渡相页岩气开发均将获得突破，并新现一批大型页岩气田。在政策支持到位和市场开拓顺利的情况下，我国页岩气产量将迎来快速上涨期，全国的上扬子及滇黔桂区、华北及东北区、中下扬子及东南区、西北区将呈现快速增长，2025 年之后采用采储比方法预测页岩气的产量。

预计 2020 年我国页岩气产量将达到 300 亿 m^3，2025 年页岩气产量将达到 500 亿 m^3，2030 年达到 800 亿 m^3。我国页岩气产量预测见表 7-1。

表 7-1　我国页岩气产量预测　　单位：亿 m^3

	2020 年	2025 年	2030 年
页岩气产量	300	500	800

7.2　页岩气开发对我国经济社会影响分析

页岩气开发将对我国经济社会产生重要影响，下文从促进能源供给侧改革、增强能源安全保障、优化能源消费结构、促进经济社会发展、降低能源使用成本、加快能源体制改革和引发技术装备创新等几个方面进行分析。

（1）促进能源供给侧改革，构建清洁低碳体系

2016 年 12 月 29 日，国家发展改革委和国家能源局印发《能源生产和消费革命战略（2016—2030）》，指出“提高非常规油气规模化开发水平”是促进能源供给侧结构性改革的一项重要措施。

从当前我国非常规油气的开发来看，页岩气相比煤层气在矿权、成本和储量上具有优势；相比煤制气在成本、环境方面同样具有优势；短期内可燃冰和生物质燃气还不能形成规模化开发。因此，在短中期内，相比其他非常规气，页岩气更有可能进行规模化开发，且我国页岩气储量巨大，发展页岩气对促进能源供给侧结构性改革有着更为重要的作用。此外，页岩气相比煤炭和石油等常规能源，更为清洁、低碳；与常规天然气相比，资源量更大且热值更高；与可再生能源相比，更加稳定，且与可再生能源形成良性互补。因此，我国进行页岩气开发，对促进能源供给侧改革和构建清洁低碳体系具有重要作用。

（2）提高天然气自给率，增强能源安全保障

美国“页岩气革命”促使美国能源自给率不断提高，使美国逐步实现能源

独立。根据 EIA 的《2011 年的能源展望报告》，到 2030 年，美国天然气的对外依存度将仅有 6%。自 2006 年我国开始进口天然气以来，天然气进口量逐年攀升。2006—2016 年，我国天然气进口量增加了 74.9 倍，天然气自给率逐年降低，对外依存度逐年上升，2016 年我国天然气对外依存度为 35.03%。

当前我国国产天然气以常规天然气、页岩气、煤层气和煤制气为主，未来生物质燃气和可燃冰也将成为我国国内天然气供应的来源。预计生物质燃气和可燃冰在 2030 年前后才能产业化，2030 年之前国产气仍将以上述四类气源为主。2030 年之前我国常规天然气开采和新增资源较为明朗，产量主要以塔里木盆地、鄂尔多斯盆地和四川盆地等区块的天然气资源为主。根据新增的可采储量以及项目的投产情况，初步预测到 2020 年、2025 年和 2030 年常规气产量将分别达到 1 750 亿 m^3、2 150 亿 m^3 和 2 700 亿 m^3。煤层气由于产权等问题一直开发缓慢，2025 年之前以煤层气产量历史数据为基础，利用翁氏模型法对煤层气产量增长进行预测。2025 年之后，随着煤层气的勘探开发技术日趋成熟和开采成本降低，以及煤层气产权问题得以解决，煤层气开发会向规模化、产业化方向发展，利用龚帕兹法对煤层气产量增长进行分析。预计 2020 年煤层气产气能力有望达到 220 亿 m^3、2025 年产气能力达到 300 亿 m^3、2030 年达到 400 亿 m^3。当前煤制气行业已告别大发展时代，处于升级示范先行阶段。2025 年之前煤制气项目发展相对明确，主要是现有内蒙古、新疆相关煤制气项目、核准的新粤浙配套若干煤制气项目，前期工作的蒙西配套煤制气项目和部分省内煤制气项目的实施。2025 年之后考虑在新疆、内蒙古等地区内备案的煤制气实施可能性，预测煤制气的产量。预计到 2020 年，我国煤制天然气产能将达 200 亿 m^3、2025 年达 450 亿 m^3、2030 年达 750 亿 m^3。2030 年生物质燃气和可燃冰预计可达到 50 亿 m^3。未来我国国内天然气可供产量预测见表 7-2。

页岩气大规模开发后，可改变我国天然气供应格局，增强能源安全保障。以 2030 年为例，2030 年我国天然气总可供资源量将达到 4 750 亿 m^3，其中页岩气供给量将达到 800 亿 m^3，占国内天然气总供给量的 16.8%。2030 年我国天然气需求量在低情景、中情景和高情景三种情景下分别为 4 500 亿 m^3、5 200 亿 m^3 和 6 000 亿 m^3。在中低情景下，国内天然气供给基本可以满足国内需求；在高情景下，我国需进口天然气 1 050 亿 m^3，占总需求量的 17.5%，而在页岩气没有规模化开发情况下，高情景下这一比例将达到 30.8%。

表 7-2　未来我国天然气可供产量预测　　单位：亿 m^3

资源类型	2020 年	2025 年	2030 年
常规气	1 750	2 150	2 700
页岩气	300	500	800
煤层气	220	300	400
煤制气	200	450	750
可燃冰	—	—	50
生物质天然气	—	—	50
小计	2 470	3 400	4 750

（3）优化能源消费结构，提高能源使用效率

《能源发展战略行动计划（2014—2020 年）》提出，到 2020 年我国一次能源消费总量控制在 48 亿 t 标煤，天然气消费比重达到 10%以上，则由此可测算出 2020 年我国天然气消费总量约为 3 953 亿 m^3，而预测的常规天然气在 2020 年仅可提供 1 750 亿 m^3，因此，仅通过开发利用常规天然气是远不能满足我国天然气需求量的。2020 年我国页岩气可稳定提供天然气 300 亿 m^3，占 2020 年我国天然气消费量和能源总量的比重分别为 7.59%和 0.75%，对优化我国能源消费结构起到了一定的作用，随着 2025 年以后页岩气的大规模开发利用，其对优化我国能源消费结构的作用将越来越显著。

在能源转换的最重要的发电领域，当前最先进的超超临界发电机组（USPG）理论发电效率为 48%～57%，而燃气-蒸汽联合循环发电（CCPP）效率已接近 60%，并且仍然在不断提高，天然气热电联产系统效率可达 60%～80%，冷热电联产系统的效率更高，可达 90%。此外，页岩气单位热值普遍高于天然气单位热值，合理利用页岩气资源，将能够极大提高我国能源使用效率。

（4）促进经济社会发展，增加就业机会

页岩气开发将有效带动我国采矿、设备制造和化工等相关产业发展，增加 GDP 和税收，增加就业机会，促进地方和我国经济社会可持续发展。

以美国地区为例，美国“页岩气革命”给美国经济社会带来诸多效益。首先，

美国页岩气产业直接带动了以页岩气为原料的石化产业的发展。美国天然气协会数据显示，2015 年美国石化行业新增投资 160 多亿美元，创造 41 万个就业机会，贡献了接近 1%的 GDP，使失业率下降了 0.5 个百分点。HIS 全球观察咨询公司预计到 2035 年页岩气产业对美国 GDP 的贡献值将达到 2 310 亿美元；预计至 2035 年，页岩气产业提供的就业岗位总数将达到 166 万个。

同样，我国页岩气如果实现大规模开发，也将给经济社会带来诸多效益。首先，页岩气开发将成为新的经济增长点。以重庆为例，初步测算重庆页岩气产业每投入 1 元，将带来 3.8 元总产出，可见页岩气开发带来的产出巨大。到 2020 年重庆页岩气开发累计总增加值为 2 294 亿元，将为重庆经济年均贡献 3.27%的 GDP。我国大部分页岩气资源分布在经济欠发达地区，因此发展页岩气产业将为欠发达地区带来经济增长。此外，重庆页岩气开发将带来 91.6 万个就业机会，特别是农林牧渔产品和服务业，设备制造业，交通运输、仓储和邮政业，批发和零售业等行业。

（5）降低能源使用成本，直接和间接刺激消费

美国页岩气供应量的激增，使得美国国内天然气价格大幅降低，甚至低于煤炭价格，使得大量发电厂改用天然气发电，拉低了整体电价成本。较低的天然气价格还使美国的化工企业重获竞争力。以重庆涪陵为例，涪陵区页岩气工业用气价格是重庆市最低的，页岩气的开发降低了区域能源使用成本，给涪陵区相关企业带来了较强的市场竞争力。整体上，我国页岩气大规模开发利用将拉低我国能源的使用成本。

页岩气勘探开发带来大量的产业工人，其生活消费对住宿、餐饮、商贸和租房等可起到直接的带动作用，增加当地居民收入。此外，能源的低价也有助于减少家庭的相关支出。根据调研，2015 年中石化向重庆涪陵区优惠供应民用气 1.5 亿 m^3。居民收入的增加和能源低价带来的相关支出减少将直接和间接提升购买力，刺激消费支出，提振经济需求。

（6）加快能源体制改革，推进油气改革突破

当前我国石油天然气开发矿业权几乎全部集中于中国石油、中国海油、中国石化和延长石油四大集团，解决四大集团矿权过度集中、圈而不探、探而不采问题是推动石油天然气开发体制改革的关键。油气开发体制改革复杂艰难，而页岩气开发

提供了改革机遇。因此，加快页岩气开发可以作为推进我国油气体制改革的突破口。

在当前油气开发体制下，要实现像美国那样的页岩气革命，必须进行能源开发体制改革。通过页岩气开发在油气开发上游引入市场竞争机制，消除多种资本市场主体进入页岩气开发上游的壁垒，给予地方政府、中石油等四大集团以外的国有企业、民营企业、合资企业以及外资企业等市场主体平等进入机会和市场地位，有助于推动我国整个油气上游垄断格局的改革。

（7）引发技术装备创新，促进技术装备出口

我国页岩气地质地表环境复杂，推动我国页岩气产业发展很大程度上必须依靠我国核心技术和关键装备的自主创新，只有这样才能形成适合我国地质和地表条件的页岩气开发技术装备体系。我国初步形成了一系列适合我国页岩气资源开发的核心技术，包括资源评价技术、钻井技术和分段压裂技术等，但核心技术仍存在短板。近年来，我国也成功研制了压裂车、自然伽马测量仪、随钻感应电阻率测量仪、桥塞等关键设备，但关键设备性能有待提高。我国核心技术和关键设备需要进一步创新和研发，并最终使相关技术和装备“走出去”。

7.3　页岩气开发对我国环境影响分析

2013 年以来，我国大面积、长时间出现雾霾，大气污染防治形势非常严峻，以煤炭为主的能源消费结构是形成大气污染的重要原因。提高常规天然气和页岩气等非常规天然气的供应能力，能够优化我国能源消费结构，减少大气污染物排放，改善大气环境质量。

我国页岩气的大规模开发将造成水资源消耗，可能带来水环境污染、温室气体排放等环境影响，但在替代煤炭利用过程中也能减排大气污染物和温室气体等从而产生环境效益。当前我国页岩气开发主战场在重庆，全国页岩气开发水环境污染与生态环境影响需根据页岩气的开发力度结合各开发区的自然环境等特点进行评估。本节主要以重庆涪陵页岩气开发水资源消耗强度、温室气体排放强度等为基准，测算我国页岩气开发水资源消耗量、温室气体排放量和替代煤炭带来的环境效益。

（1）水资源消耗量

2020 年、2025 年和 2030 年我国页岩气产量将分别达到 300 亿 m^3、500 亿 m^3

和 800 亿 m^3。重庆涪陵页岩气水资源消耗强度为 0.14～0.29 kg/m^3，则生产 1 亿 m^3 的页岩气将消耗水资源总量为 14 000～29 000 m^3。因此，以涪陵单位页岩气水资源消耗量为准，通过计算得到 2020 年、2025 年和 2030 年我国页岩气开发水资源消耗总量分别为 420×10^4～870×10^4 m^3、700×10^4～$1\,450\times10^4$ m^3 和 $1\,120\times10^4$～$2\,320\times10^4$ m^3，页岩气开发水资源消耗量与 2016 年我国生活用水总量 821.4×10^8 m^3 相比还是非常小的。然而，由于我国水资源分布存在区域性差异，仍要注意区域页岩气开发（特别是在干旱缺水地区），可能带来的水资源压力。

（2）温室气体排放量

以重庆涪陵页岩气开发全生命周期内甲烷损耗 0.99%计，根据前文对我国页岩气产量的预测，2020 年、2025 年和 2030 年全国甲烷排放量分别为 21.26 万 t、35.44 万 t 和 56.71 万 t，折算为二氧化碳当量分别为 531.5 万 t、886 万 t 和 1 417.7 万 t。根据 2012 年世界银行发布的数据，2012 年我国甲烷排放总量为 175 229 万 t 二氧化碳当量，则 2020 年、2025 年和 2030 年全国页岩气甲烷排放量仅占 2012 年总排放量的 0.30%、0.51%和 0.81%。由此可知，我国页岩气开发带来的甲烷排放量相对于温室气体排放总量较小，不会造成我国温室气体的显著增加。

（3）替代煤炭带来的环境效益

长期以来，我国以煤炭和石油等化石能源为主的能源结构导致温室气体排放激增，2006 年我国成为全球温室气体排放第一大国，在应对气候变化问题上面临着较大的国际压力。为了应对气候变化，我国在“国家自主贡献”中承诺将于 2030 年前后使二氧化碳排放达到峰值并争取尽早达峰。要兑现承诺，就必须大力发展天然气、核电、水电和风电等清洁能源，然而核电的安全性一直备受质疑，水电、风电、太阳能等可再生能源又面临输送和并网问题，所以我国面临最现实的选择就是加快发展天然气，特别是加快页岩气等非常规气规模化开发，增加天然气在我国清洁能源中的比重。

2020 年、2025 年和 2030 年我国页岩气产量将分别达到 300 亿 m^3、500 亿 m^3 和 800 亿 m^3。假设全部用于替代散煤燃烧，可分别替代终端消费散烧煤炭 0.5×10^8 t、0.83×10^8 t 和 1.3×10^8 t；可实现减排二氧化碳 8 690.8 万 t、14 484.67 万 t 和 23 175.47 万 t；二氧化硫 43.9 万 t、73.17 万 t 和 117.06 万 t；烟尘 83.95 万 t、139.92 万 t 和 223.87 万 t；氮氧化物 8.25 万 t、13.75 万 t 和 22 万 t。

可见，页岩气在能源替代过程中对于温室气体和大气污染物的减排效果显著。

7.4　页岩气差异化开发与管理

由于页岩气开发地区的资源条件、地形地貌和气候环境等不同，页岩气开发方案和开发时序应有所差别，且页岩气开发产生的环境影响是不同的。因此，在全国规模化开发页岩气之前，应针对不同页岩气开发区的特点，采取差异化的开发措施。

（1）对页岩气资源进行分级，制定差异化开发方案

我国页岩气资源分布在三大相、九大领域、16 个层系中，区块之间资源品质差异较大，如三大类型的页岩，海相页岩的特点是有机质丰度高（TOC 含量为 1.0%～5.5%）、高-过成熟（镜质体反射率 R_o 值为 2.0%～5.0%）、富含页岩气；海陆过渡相的特点是有机质丰度高（TOC 含量为 2.6%～5.4%）、成熟度适中（R_o 值为 1.1%～2.5%）；陆相页岩气有机质丰度高（TOC 含量为 0.5%～22%）、低熟-成熟（R_o 值为 0.6%～1.5%）（邹才能等，2010）。热演化程度较高，含气量较高的海相富有机质页岩是最具潜力的页岩地层，四川盆地页岩气层系是海相富有机质页岩层系，具备页岩气勘探开发有利条件。

建议按照储量规模、储量丰度、开发难度等核心参数对资源进行分级，综合评估页岩气开发项目经济性和成功系数。针对不同的资源特点，制定差异化开发方案。如对于涪陵、长宁—威远、昭通三大区块条件稍微好一些的海相页岩气可以通过大规模水平井组、工厂化作业增效开发；而对于低丰度、难动用、无条件采用大规模水平井组、工厂化作业的区块，在时间布局上可以向后安排，待创新性低成本技术成熟后再进行开发。

（2）根据不同区域水资源特点，进行水资源差异化管理

水资源丰富程度是页岩气开发面临环境制约需考虑的首要因素。我国超过 40%的页岩气远景区位于干旱或用水压力高的地区（世界资源研究所，2014）。

我国页岩气分布区域中，上扬子及滇黔桂区水位季节变化显著，水量大，汛期长，无结冰期，但人口密度较大，页岩气开采可能会挤占当地农业用水和居民生活用水；中下扬子及东南区，水量大，汛期长，无结冰期，水资源丰富，但是页岩

气可采资源储量相对较小；西北区属于干旱和半干旱区，水量小，汛期短，但页岩气资源富集；华北及东北区，水量小，汛期短，结冰期短，页岩气资源富集。

由于我国页岩气开发区水资源特点不同，页岩气开发水资源使用应实行差异化管理。对于水力压裂技术的使用，水资源丰富的上扬子及滇黔桂区和中下扬子及东南区应以监控为主，水资源略差的华北及东北区应以管控为主，水资源缺乏的西北区应以禁用为主。此外，在水资源缺乏的西北区还要加快研究废水处理利用压裂技术和无水压裂技术。由于我国整体水资源缺乏，不能像美国部分州那样允许使用地下水进行压裂，要确保各区域禁止利用地下水开采页岩气。同时，各地区应结合钻采计划，收集页岩气开发单井用水量数据，密切监测水资源变化。

（3）根据不同区域气候特点，实行大气污染差异化管理

页岩气开发大气污染物主要包括总悬浮颗粒物、氮氧化物、二氧化硫和甲烷等，其中以甲烷排放量最大。

我国上扬子及滇黔桂区属于亚热带季风气候，区域以盆地为主，风速较小，湿度大，大气层相对稳定，空气流通较为缓慢，不利于大气污染物扩散；华北及东北区，属于温带大陆性季风气候，区域以平原为主，风速较大，空气流通速度快，利于大气污染物的扩散；中下扬子及东南区，属于亚热带季风气候，区域多丘陵，受到丘陵的遮挡，不利于大气污染物的扩散；西北区，属于温带大陆性气候，区域多高山和盆地，降水少，昼夜温差大，其地形和气候条件不利于大气污染物的扩散。

在制定大气环境保护政策时，大气污染物不易扩散地区，如上扬子及滇黔桂区、中下扬子及东南区和西北区，地方政府在制定大气污染标准时，地方标准要严于国家标准。而大气污染物易扩散地区，如华北及东北区，页岩气开发地区环保部门要与周边地区环保部门协调进行联防联控。此外，还要根据页岩气开发区域的大气环境特点，加强对页岩气开发企业的控制和要求，对于大气污染物不易扩散地区，更要严格控制页岩气开发企业大气污染物排放。

（4）根据不同区域生态功能区特点，采取合理的页岩气开发措施

根据全国生态功能区划，上扬子及滇黔桂区和中下扬子及东南区属于南部湿润生态大区，华北及东北区属于东北部湿润半湿润生态大区，西北区属于北部干旱半干旱生态大区。

上扬子及滇黔桂区和中下扬子及东南区是土壤保持、水源涵养、生物多样性维护重要区域，面临水土流失敏感性程度高、水源涵养和土壤保持功能较弱等问题。华北及东北区是水源涵养、土壤保持、生物多样性维护重要区域，面临的问题是水源涵养功能和土壤保持功能减弱、水土流失、生物多样性受到威胁。西北区大部分地区属于干旱、半干旱地区，是防风固沙重要区域，部分区域属于水源涵养区，面临水土流失严重、荒漠化加剧、盐渍化蔓延等问题。

在进行页岩气开发时，应充分考虑开发区的生态功能和面临的生态问题，对开发区生态功能进行详细调查和识别，结合页岩气资源和生态环境合理划定页岩气开发范围，以有效避免和减少对生态功能区的破坏。针对各生态功能区的特点，采取合理的页岩气开发措施，如生态敏感区需采取有效的污染预防和生态环境恢复措施，尽量减小对生态环境的破坏；石漠化敏感区和土壤侵蚀敏感区应遵循水土保持原则，加强页岩气开发区水土保持和水源涵养措施，尽量减缓土壤侵蚀和石漠化的程度。生物多样性关键区在页岩气开发时，应积极采取有效措施对重要生物物种和遗传资源实施有效保护，保障生物多样性。

7.5 本章小结

本章首先估算了我国页岩气开发潜力；其次在页岩气开发潜力的基础上，定性和定量分析了页岩气开发对我国经济社会环境影响；最后分析了我国页岩气应采取差异化开发和管理措施。得出以下结论：

①页岩气开发将对我国经济社会产生重要影响，包括促进能源供给侧改革、增强能源安全保障、优化能源消费结构、促进经济社会发展、降低能源使用成本、加快能源体制改革和引发技术装备创新等几个方面。

②页岩气开发带来的不利影响包括水资源消耗和甲烷排放。2020 年、2025 年和 2030 年我国页岩气开发水资源消耗总量分别为 420×10^4～870×10^4 m^3、700×10^4～$1\ 450\times10^4$ m^3 和 $1\ 120\times10^4$～$2\ 320\times10^4$ m^3。2020 年、2025 年和 2030 年全国甲烷排放量分别为 21.26 万 t、35.44 万 t 和 56.71 万 t，折算为二氧化碳当量分别为 531.5 万 t、886 万 t 和 1 417.7 万 t。

③页岩气开发带来的有利影响为在能源替代过程中对于大气污染物和温室

气体减排效应显著。2020 年、2025 年和 2030 年我国页岩气产量将分别达到 300 亿 m^3、500 亿 m^3 和 800 亿 m^3。假设全部用于替代散煤燃烧，可分别替代终端消费散烧煤炭 0.5×10^8 t、0.83×10^8 t 和 1.3×10^8 t；可实现减排二氧化碳 8 690.8 万 t、14 484.67 万 t 和 23 175.47 万 t，二氧化硫 43.9 万 t、73.17 万 t 和 117.06 万 t；烟尘 83.95 万 t、139.92 万 t 和 223.87 万 t；氮氧化物 8.25 万 t、13.75 万 t 和 22 万 t。

④对页岩气开发采取差异化管理，对页岩气资源进行分级，制定差异化开发方案：

针对不同的资源特点，制定差异化开发方案。对于条件稍好的海相页岩气可以通过大规模水平井组、工厂化作业增效开发；而对于低丰度、难动用、无条件采用大规模水平井组、工厂化作业的区块，在时间布局上可以向后安排，待创新性、低成本技术成熟后再进行开发；

对于水力压裂技术的使用，水资源丰富的上扬子及滇黔桂区和中下扬子及东南区应以监控为主，水资源略差的华北及东北区应以管控为主，水资源缺乏的西北区应以禁用为主；

上扬子及滇黔桂区、中下扬子及东南区和西北区大气污染物不易扩散地区，地方政府在制定大气污染标准时，地方标准要严于国家标准。华北及东北区大气污染物易扩散地区，页岩气开发地区环保部门要与周边地区环保部门协调进行联防联控；

针对各开发区的特点，采取合理的页岩气开发措施，上扬子及滇黔桂区和中下扬子及东南区面临生态环境敏感性程度高、水源涵养和土壤保持功能较弱问题，开发时应尽量减小对生态环境的破坏，采取生态环境恢复措施；华北及东北区面临的问题是水源涵养功能和土壤保持功能减弱、水土流失、生物多样性受到威胁，开发时应积极采取有效措施对重要生物物种和遗传资源实施有效保护，保障生物多样性；西北区面临水土流失严重、荒漠化加剧、盐渍化蔓延等问题，需加强页岩气开发区水土保持和水源涵养措施，尽量减小土壤侵蚀和石漠化的程度。

第8章 美国页岩气开发经济性与经济社会综合影响

美国是世界上页岩气资源勘探开发最早、技术最成熟、发展最好的国家。美国“页岩气革命”使页岩气产量大幅提升，2017 年美国已实现天然气净出口。页岩气规模化开发利用对美国经济社会产生了重要影响。

本章主要阐述了美国页岩气资源分布与勘探开发进展，分析了中美页岩气开发主要经济性参数的差异，并进一步分析了影响中美页岩气开发经济性差异的主要因素；采用定性与定量方法分析了美国页岩气开发的经济社会影响。

8.1 美国页岩气资源分布与开发进展

8.1.1 美国页岩气资源潜力与分布

2011 年，美国 EIA 对 46 个国家的页岩气资源进行了评估。EIA 的评估数据显示，美国页岩气资源量为 17.8 万亿 m^3。从国家来看，页岩气资源量排在前十位的分别是中国、阿根廷、阿尔及利亚、美国、加拿大、墨西哥、澳大利亚、南非、俄罗斯和巴西，美国排在第四位。

从页岩气分布来看，美国页岩气主要分布在东北部、墨西哥湾、中部内陆、洛基山和西海岸。其中东北部和墨西哥湾页岩气地质储量分别为 7.3 万亿 m^3 和 7.1 万亿 m^3，分别占总页岩气资源的 41%和 40%，两者占到总地质储量的 80%以上（于立宏等，2017）。美国各州页岩气储量情况见表 8-1。

从表 8-1 可以看出，美国页岩气主要集中分布在宾夕法尼亚州、得克萨斯州、西弗吉尼亚州、俄克拉荷马州和俄亥俄州，这五个州页岩气储量占到页岩气总储量的 84.12%。

表 8-1 美国各州页岩气储量 单位：$ft^3$①

	2012 年	2013 年	2014 年	2015 年	2016 年
美国本土 48 个州总储量	129 396	159 115	199 684	175 601	209 809
阿肯色州	9 779	12 231	11 695	7 164	6 262
加利福尼亚州	777	756	44	31	41
科罗拉多州	53	136	3 775	3 115	2 032
堪萨斯州	2	3	4	5	0
肯塔基州	34	46	50	13	12
路易斯安那州	13 523	11 483	12 792	9 154	9 637
密歇根州	1 345	1 418	1 432	1 006	1 128
密西西比州	19	37	19	11	7
蒙大拿州	216	229	482	360	213
新墨西哥州	176	258	646	1 044	5 581
北达科他州	3 147	5 059	6 442	6 904	8 259
俄亥俄州	483	2 319	6 384	12 430	15 472
俄克拉荷马州	12 572	12 675	16 653	18 672	20 327
宾夕法尼亚州	32 681	44 325	56 210	53 484	60 979
得克萨斯州	44 778	49 055	54 158	42 626	56 577
弗吉尼亚州	135	126	84	76	45
西弗吉尼亚州	9 408	18 078	28 311	19 226	23 146
怀俄明州	216	856	380	204	17
其他州	52	25	123	76	74

数据来源：EIA。

① $1ft^3=2.831\ 7\times10^{-2}m^3$。

8.1.2　美国页岩气勘探开发概况

美国是世界上页岩气勘探开发最早的国家，也是最成功的国家。1821 年，美国第一口页岩气井钻探于纽约州 Chautanqua 县 Fredonia 镇的泥盆系页岩。然而一直到 20 世纪 80 年代，页岩气仍然被认为是无法进行商业化开发的。1981 年美国政府开始投入大量的资金用于页岩气的勘探研究，最终促进了后期水力压裂等一系列技术的形成。1997 年，Mitchell 能源公司在巴奈特页岩开发中首次使用了清水压裂技术，至此水力压裂技术形成。水力压裂技术使巴奈特的最终采收率提高了 20%以上，作业费用减少了 65%。1999 年和 2003 年分别实现的重复压裂技术和水平井开采，使得美国页岩气产量大幅增长。1997—2009 年，美国十年间完成了 13 500 口钻井，这其中主要是水平钻井。

巴奈特页岩在美国页岩气商业开发过程中具有代表性意义，其开发是美国页岩气开发技术进步及产量提高的历程缩影，其开发历程大体可分为五个阶段。第一阶段：页岩气开发初期阶段（1981—1985 年），采用直井式生产方式，通过泡沫压裂获得页岩气量。第二阶段：大型水力压裂阶段（1985—1997 年），采用直井式生产方式，通过交联冻胶液获得页岩气产量。第三阶段：清水压裂阶段（1997 年至今），采用清水作为压裂的主要介质，通过清水压裂获得页岩气产量。第四阶段和第五阶段分别为重复压裂阶段（1999 年至今）和同步压裂阶段（2006 年至今）（David，2007）。

总体来看，近年来美国页岩气产量逐年增长，2000 年美国页岩气年产量为 122 亿 m^3，仅占美国天然气产量的 1%；2010 年页岩气产量为 1 378 亿 m^3，占美国天然气产量的 23%；2017 年美国页岩气产量为 4 772 亿 m^3，占美国天然气产量的近一半，为 49.9%。美国各州页岩气产量见表 8-2。

从表 8-2 可以看出，宾夕法尼亚州和得克萨斯州是美国页岩气产量最大的两个州，两者占全美页岩气产量的近 60%；其次是俄亥俄州、西弗吉尼亚州和路易斯安那州，分别占页岩气总产量的 8.14%、7.46%和 6.52%，这五个州页岩气产量占到页岩气总产量的 81.29%。

表 8-2　美国各州页岩气产量情况　　单位：ft^3

	2012 年	2013 年	2014 年	2015 年	2016 年
美国本土 48 个州总产量	10 371	11 415	13 447	15 213	17 032
阿肯色州	1 027	1 026	1 038	923	733
加利福尼亚州	90	89	3	2	6
科罗拉多州	9	18	236	325	164
堪萨斯州	1	3	1	1	0
肯塔基州	4	4	2	1	0
路易斯安那州	2 204	1 510	1 191	1 153	1 111
密歇根州	108	101	96	65	84
密西西比州	2	5	2	3	2
蒙大拿州	16	19	42	39	19
新墨西哥州	13	16	28	46	497
北达科他州	203	268	426	545	582
俄亥俄州	14	101	441	959	1 386
俄克拉荷马州	637	698	869	993	1 082
宾夕法尼亚州	2 036	3 076	4 009	4 597	5 049
得克萨斯州	3 649	3 876	4 156	4 353	5 029
弗吉尼亚州	3	3	3	3	4
西弗吉尼亚州	345	498	869	1 163	1 270
怀俄明州	7	102	29	36	5

数据来源：EIA。

8.2　中美页岩气开发经济性关键参数比较

经济性主要取决于开发总成本和开发总效益，开发总成本包括勘探成本、开发成本和经营成本等，开发总效益主要取决于页岩气的产量和页岩气的价格（天然气价格）。实际上，美国不同州之间在总开发成本中某些变量上的差异是很大的，如勘探成本和税费成本等。本书以具有代表性的美国 Marcellus 页岩区和重庆某开发区块为例，从单井开发成本、单井开发单位成本、单井产量和页岩气价格四个方面进行中美页岩气开发主要经济性参数比较分析。

8.2.1　单井开发成本比较

本节的开发成本分析仅包括购置成本、钻井工程成本、完井工程成本和地面设施成本，不包括经营成本和税费成本，因为经营成本和税费成本是与时间、页岩气产量和页岩气价格等有关的成本。

（1）购置成本

美国页岩气购置成本主要是指矿区使用费，其通常按照油气产值或产量的比例征收。美国矿区使用费在页岩气开发成本中占有相当大的比重，平均可达到 40%（吕建中等，2012）。矿区使用费与页岩气开发地区、油气生产条件和市场价格变化等因素有关。不同页岩气开发区矿区使用费有所差别，Hefley 和 Seydor（2011）通过调查得到美国 Marcellus 矿区使用费约为 220 万美元，按 6.12 汇率换算，约合 1 364 万元人民币。我国现阶段为了鼓励页岩气开发，减免了页岩气探矿权和采矿权使用费，即免征页岩气矿区使用费。

（2）钻井工程成本

钻井工程成本在美国页岩气开发中占据较大比例，钻井成本一般占发现与开发成本的 20%以上（吕建中等，2012）。美国 Marcellus 页岩气钻井工程成本约为 188 万美元（Hefley 和 Seydor，2011），按 6.12 的汇率换算，约合 1 150 万元人民币。我国重庆某区块页岩气钻井成本约 3 150 万元，约是 Marcellus 页岩气开发区钻井成本的 2.7 倍。

（3）完井工程成本

完井工程成本在美国页岩气开发中占比也较大，完井成本一般占发现与开发成本的30%以上（吕建中等，2012）。美国 Marcellus 完井工程成本约为 270 万美元（Hefley 和 Seydor，2011），按 6.12 的汇率换算，约合 1 652 万元人民币。我国重庆某区块页岩气完井成本约 2 825 万元，是 Marcelluss 页岩气开发区完井工程成本的 1.7 倍。

（4）地面设施成本

美国地势平坦，以平原为主，有利于重型机械的搬运，在地面设施方面费用较小。美国 Marcellus 页岩气开发区地面设施成本约为 40 万美元（Hefley 和 Seydor，2011），按 6.12 的汇率换算，约合 245 万元人民币。相比美国，我国页岩气开发井场和道路建设难度大，水电供应成本高，总体费用要高于美国，重庆某区块页岩气地面设施成本约 1 025 万元。

综上所述，美国页岩气开发总成本约为 4 400 万元，我国重庆某区块页岩气开发总成本约为 7 000 万元。中美页岩气开发成本比较见图 8-1。

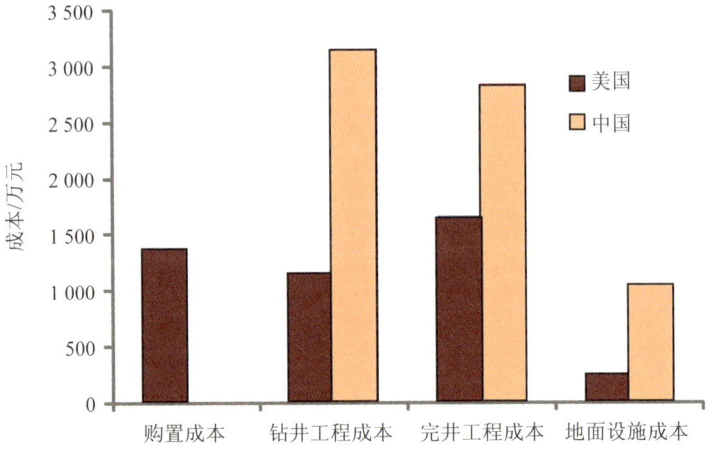

图 8-1　中美页岩气开发成本对比

8.2.2　单井单位成本比较

单井成本与钻井总深度和压裂总长度及段数有很大的关系。如美国超长水平井 Purple Hayes 总深度 8 244 m、垂直深度 2 273 m、水平长度 5 652 m、压裂总长度达到 5 712 m、压裂 124 段，钻完井总成本达到 1.05 亿元人民币（石林，2017）。

本书进一步分析了单井单位成本，包括单位钻井成本和单位压裂成本。以 Marcellus 页岩区典型页岩气开发井为例，每米钻井成本平均 3 000 元（Hefley 和 Seydor，2011），而我国重庆某区块每米钻井成本平均 7 200 元（将各种成本叠加平均到每米），约是美国单位钻井成本的 2.4 倍；Marcellus 页岩气开发井每段压裂成本约 110 万元，而我国重庆某区块每段压裂成本为 175 万元，是美国单位压裂成本的 1.6 倍。

8.2.3　成本差异因素分析

①我国地表条件比美国复杂。重庆和四川页岩气资源主要集中于山区和丘陵地带，而美国页岩气主要分布在平原地区，地势平坦。平坦的地表条件首先降低了垂直井深度，极大降低了生产成本；其次大幅提高了资源动用程度，利于勘探开发装备的转移和运输，以及采用大规模的“工厂化”作业模式。

②我国地质条件比美国复杂。我国是海相页岩气、陆相页岩气和海陆相过渡页岩气具有发育，多层系分布、页岩气藏埋深较深、后期改造复杂等，而美国页岩气田主要是海相沉积，产层厚度大、页岩气藏埋深较浅、地下构造简单。

③我国页岩气开发核心技术和关键设备水平还有待进一步提高，相关技术指标和装备性能与美国相比还有一定差距，美国钻井平均日进尺为 155～322 m/d，而我国钻井日进尺为 50～80 m/d，仅是美国的 1/3；美国压裂平均用时为 2～5 d/井，而我国压裂平均用时为 7～15 d/井，是美国的 3 倍；技术和设备水平的提高可大大缩减页岩气的钻完井时间，降低成本。

④我国页岩气开发成本目前还处于探索和攻关阶段的成本，美国页岩气开发成本是规模化生产之后的成本。

8.2.4 单井产量比较

页岩气井具有产量递减快的特点，单井初始产量和最终产量之间总体具有正相关关系，初始产量越高，最终产量相应越高（李庆辉，2012）。本书比较了中美页岩气开发的单井初始产量和单井最终采收量。

①从单井初始产量看，2003—2009 年完钻的 838 口美国 Barnett 页岩常压气藏中，页岩气单井初始产量为 5.4 万～6.2 万 m^3，第一年递减率为 45%～55%。2008—2009 年 Eagle Ford 页岩完钻的 46 口超高压气藏中，页岩气单井初始产量为 14.2 万～28.7 万 m^3，第一年递减率高达 60%（Baihly 等，2010）。重庆某区块单井平均初始产量约为 32.99 万 m^3，第一年产量递减率为 50%～80%。

②从单井最终采收量来看，Barnett 页岩气单井最终采收量为 39×10^6～$84\times10^6m^3$，Haynesville 页岩气单井最终采收量为 98×10^6～$180\times10^6m^3$，Marcellus 页岩气单井最终采收量为 39×10^6～$150\times10^6m^3$，Fayetteville 页岩气单井最终采收量为 48×10^6～$73\times10^6m^3$（Clark 等，2013）；重庆某区块页岩气单井最终采收量为 103×10^6～$216\times10^6m^3$。

通过中美页岩气产量对比可以看出，在单井初始产量和单井最终采收量两方面重庆某区块页岩气开发都大于美国页岩气开发。页岩气井产量递减快慢与页岩矿物组成和气藏压力密切相关（朱彤等，2014）。中美页岩气产量不同主要在于地质条件的不同以及钻完井技术水平的不同。

8.2.5 页岩气价格比较

（1）页岩气开发价格比较

美国不同产地的页岩气价格为每千立方英尺 4～6 美元，按 6.12 的汇率换算，美国页岩气开发成本为 0.86～1.29 元/m^3（Weijermars，2013），低于重庆某区块页岩气开发成本 1.35 元/m^3。

（2）页岩气终端用气价格比较

由图 8-2 可知，中美居民用气价格接近，且中国居民用气价格略高于美国居民用气价格，美国居民用气价格在 2.3 美元/m^3 左右，而中国居民用气价格在 2.7 元/m^3 左右；中美工业用气价格差距较大，美国工业用气价格仅在 1 美元/m^3 左右，而中国工业用气价格在 4 元/m^{3}左右。

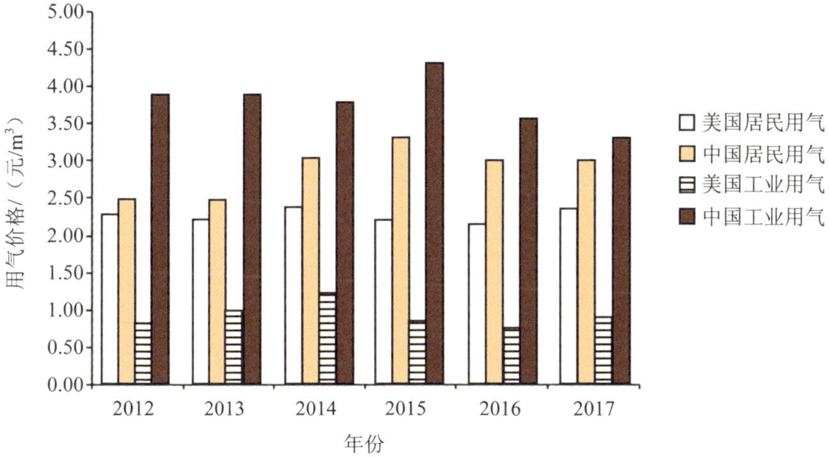

图 8-2 2012—2017 年中美两国终端工业和居民用气价格比较

数据来源：①美国数据来源于美国 EIA；

②中国数据来源于 Wind 数据库；

③美国用气价格单位为美元/m^3。

8.3 美国页岩气开发对经济社会影响

8.3.1 页岩气开发对美国经济社会综合影响

美国“页岩气革命”的成功，从短期看，对美国特别是州层面的页岩气开发地区经济的增长起到了积极的作用，能源生产州经济增长速度明显提升。从 2003—2013 年美国 13 个能源生产州的经济总量排名变化看，除 3 个州外，其他 10 个能源生产州排名显著提升，而对于能源消费州，除纽约州外，其他能源消费州总排名均出现下滑（王蕾和王振霞，2015）。HIS 全球观察咨询公司 2012 年发布的研究报告称，2010 年页岩气产业对美国 GDP 的贡献值超过 760 亿美元，预计到 2035 年将增加至 2 310 亿美元。

除经济增长以外，美国页岩气开发对经济社会的影响还体现在降低天然气对外依存度、降低天然气价格、改善能源结构、增加就业、增强化工行业竞争力等方面。

（1）降低天然气对外依存度

2000—2007 年，美国天然气的对外依存度一直保持在 15%左右，自 2008 年开始，美国天然气的对外依存度持续降低；2011 年，对外依存度降低至个位数，为 8%；2016 年对外依存度进一步降低至 2%；2017 年，美国天然气的出口量大于进口量，天然气实现净出口 35.55 亿 m^3。2000—2017 年美国天然气消费量和对外依存度见图 8-3。

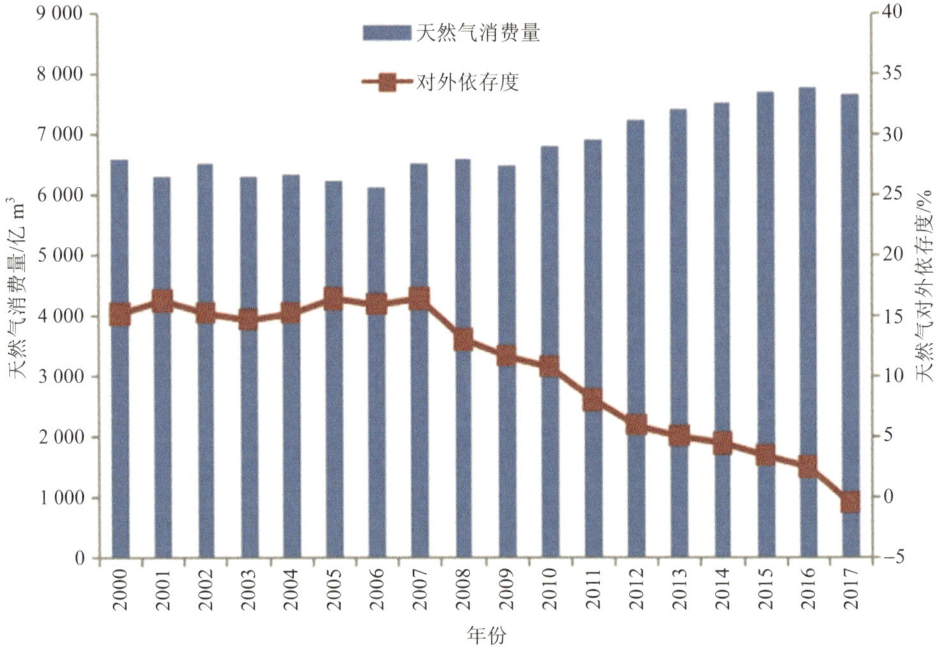

图 8-3 2000—2017 年美国天然气消费量和对外依存度

数据来源：EIA。

天然气对外依存度的降低主要归因于页岩气产量的增长。2003 年美国实现水平井的开采，页岩气产量开始大幅上升。自 2008 年开始，美国页岩气产量大幅增长，伴随着页岩气占天然气的比例逐年上升（图 8-4），美国天然气的对外依存度大幅降低。

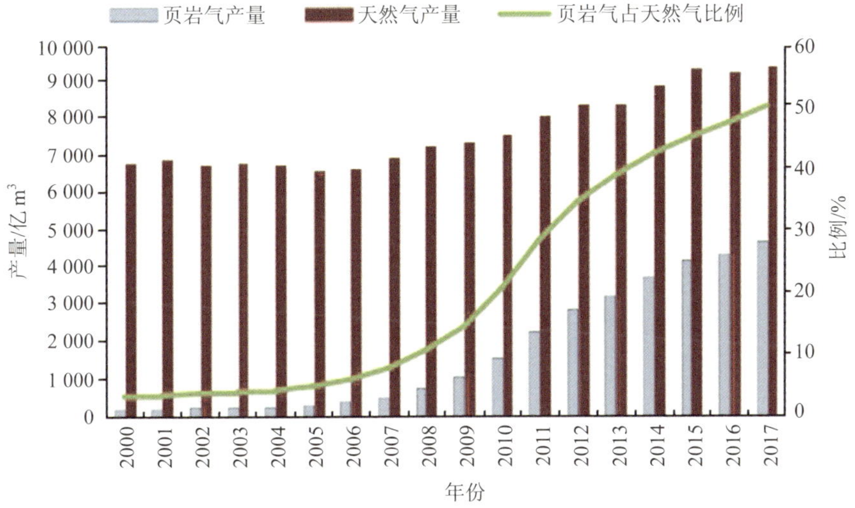

图 8-4　2000—2017 年美国页岩气和天然气产量及页岩气占比

数据来源：EIA。

（2）降低天然气价格

影响天然气价格的因素很多，其中页岩气产量的大幅增长是造成美国天然气价格下降的主要因素之一。石油与天然气联系密切，两者在能源消费方面具有较强的替代性。价格方面，天然气价格与石油价格挂钩。2000—2009 年，美国亨利港的天然气价格与 WTI（美国西得克萨斯轻质原油）保持了较好的相关性，但从 2009 年开始，两者之间出现大的背离，WTI 的石油价格仍处于较高的价位，而美国亨利港的价格却持续走低（图 8-5），2012 年 4 月，代表美国天然气基准价格的亨利港现货价格跌至 1.86 美元/MMBtu[①]，相比于 2011 年 10 月的 3.57 美元/MMBtu 下跌 47%。

出现这种情况，与美国经济持续萎靡不振有一定的关系，更重要的是美国页岩气的大量供应造成供过于求的供需关系变化。从 2003 年开始，美国页岩气产量快速增加，到 2009 年美国超越了俄罗斯，成为世界上最大的天然气生产国，其中增加的主要产量来自页岩气，随着页岩气产量的升高，天然气价格一路走低。

① MMBtu 为百万英热，1 英热（Btu）=1.06 kJ。

2003—2017 年美国天然气产量与亨利港天然气价格走势见图 8-6。

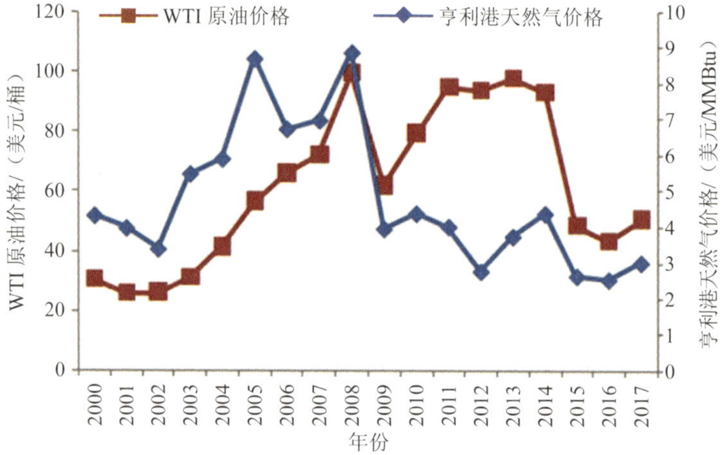

图 8-5　2000—2017 年 WTI 原油价格与亨利港天然气价格走势

数据来源：EIA。

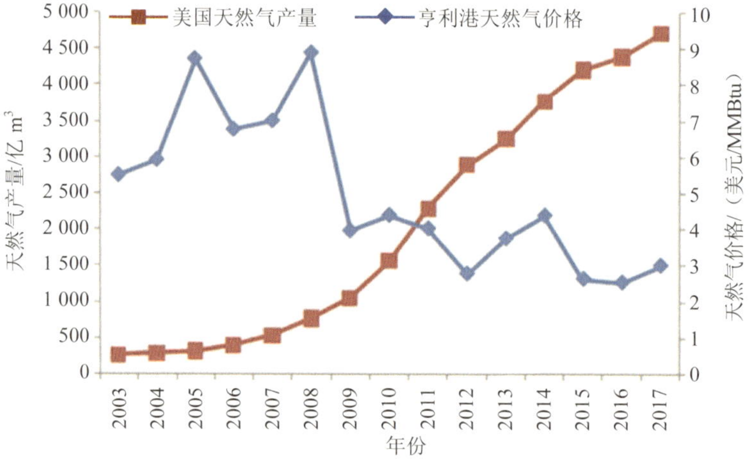

图 8-6　2003—2017 年美国天然气产量与亨利港天然气价格走势

数据来源：EIA。

（3）改善能源结构

随着美国页岩气产量的增加及天然气价格的下降，美国能源结构发生了较大变化。2000 年美国能源消费总量为 71.33 GBtu，其中，煤炭消费总量为 22.74 GBtu，占比最大，为 31.87%；其次是天然气，消费总量为 22.27 GBtu，占 31.22%；石油消费总量为 12.36 GBtu，占 17.33%；核电消费总量 7.86 GBtu，占 11.02%；新能源消费总量 6.10 GBtu，占 8.55%，具体见图 8-7。

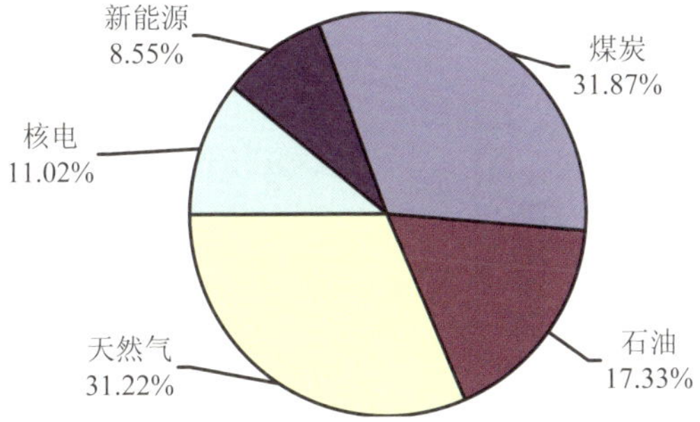

图 8-7　2000 年美国能源消费结构

数据来源：EIA。

2017 年，美国能源消费总量为 87.61 GBtu，天然气消费总量最大，为 32.89 GBtu，占比为 37.55%；其次是石油，消费总量为 19.54 GBtu，占 22.30%；煤炭、新能源、核电消费量分别为 15.62 GBtu、11.14 GBtu 和 8.42 GBtu，分别占 17.83%、12.72%和 9.61%，具体见图 8-8。

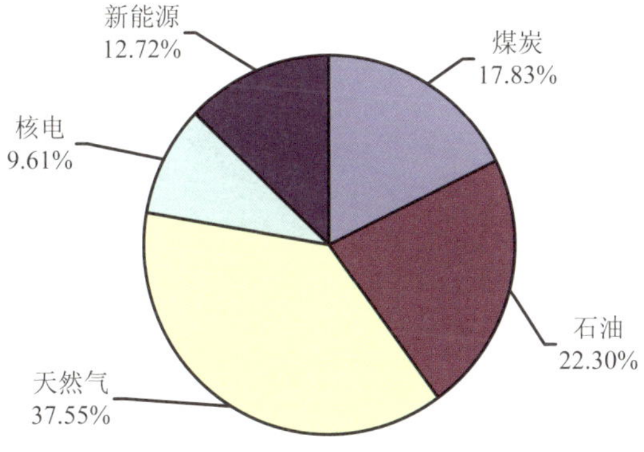

图 8-8　2017 年美国能源消费结构

数据来源：EIA。

2017 年天然气、石油以及可再生能源在一次能源消费中的比重比 2000 年有了较大的增加（图 8-9），特别是天然气，而煤炭占比有较大幅度下降，说明天然气替代了煤炭，对优化美国能源消费结构起到了一定的作用。根据 EIA 的预测，页岩气在未来仍将大规模开发生产（图 8-10），将使美国能源结构更加清洁，对优化美国能源消费结构的作用越来越显著。

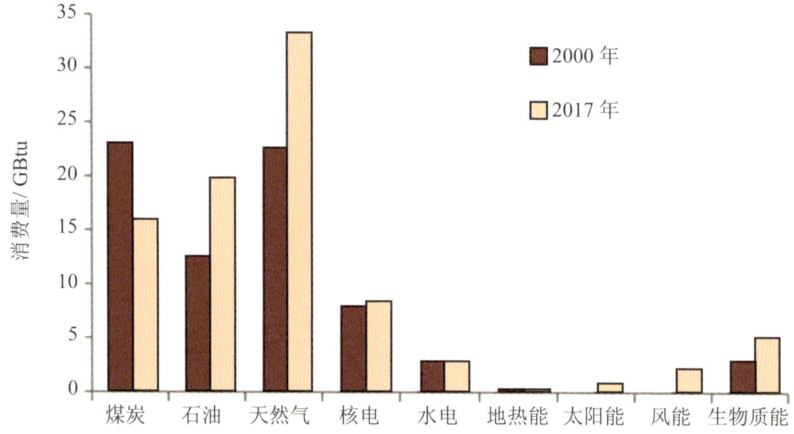

图 8-9 2000 年与 2017 年美国能源消费结构

数据来源：EIA。

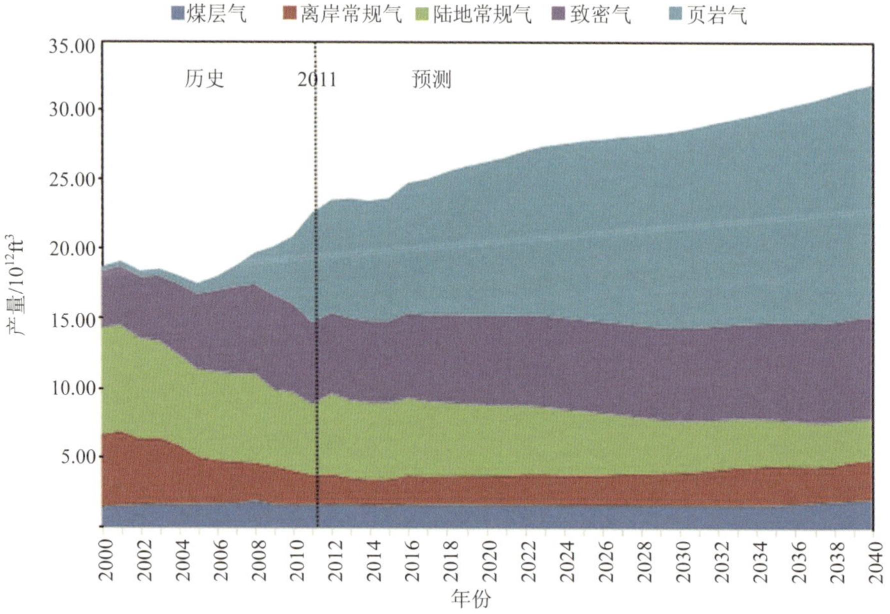

图 8-10 EIA 预测美国非常规天然气产量

（4）增加就业

根据美国劳工统计局数据，2007—2012 年，全美平均就业率下降 2.7%，但石油天然气行业就业率上涨 31.6%，且大部分页岩气生产州就业增长率达到 20%以上（王蕾和王振霞，2015）。HIS 全球观察咨询公司 2012 年发布的研究报告称，2010 年页岩气产业提供了超过 60 万个就业岗位，预计至 2035 年，页岩气产业提供的就业岗位总数将增至 166 万个（Bonakdarpour 等，2011）。美国阿肯色州大学商业和经济中心研究得出，2007 年费耶特维尔页岩气开发为地区大约提供了 10 000 个工作岗位，并预测 2008—2012 年将提供 11 000～12 000 个工作岗位。Considine 等通过使用 IMPLAN 模型对宾夕法尼亚州调查数据进行分析，得出 2008 年页岩气开发创造了超过 29 000 个工作岗位，并预测在 2009 年，创造的工业岗位将超过 48 000 个。美国 IHS 公司（HIS，2012）使用 IMPLAN 模型和其本身的贸易流动数据库，得出在 2012 年，非常规天然气和石油生产州创造了超过 120 万个工作岗位，其中由页岩气开发直接带来的工作岗位大约占 20%。

（5）增强化工行业竞争力

“页岩气革命”在带来天然气供给大幅增长的同时，又降低了天然气价格。天然气是制造尿素、甲醇、乙烯和丙烯等化工行业的重要原料。丰富低价的页岩气使得美国化工行业在全球竞争中具有较强的竞争力。随着“页岩气革命”的成功，尿素和甲醇的直接原料成本降低，使得美国国内尿素和甲醇企业纷纷新建、扩建工厂，也使得国际企业纷纷来美国建厂。据资料分析，到 2020 年美国尿素产能有望达到 2 000 万 t/a，预计出口量达 500 万 t 以上，部分甲醇也将用于出口。丰富低廉的页岩气资源使得美国尿素盈利水平排在全球第二位（李超和王红秋，2015）。

8.3.2　页岩气开发对经济社会影响——以马塞勒斯页岩为例

宾夕法尼亚州是美国页岩气储量和产量最多的州，马塞勒斯页岩位于宾夕法尼亚州，其页岩气开发具有典型性。

（1）页岩气开发产出

2010 年，马塞勒斯页岩气开发每 1 美元的固定投资，带来的总产出是 1.90

美元。其中，直接经济产出 3 768.6×10^6 美元，间接经济产出和引致经济产出分别是 1 557.2×10^6 美元和 1 843.8×10^6 美元（图 8-11）。

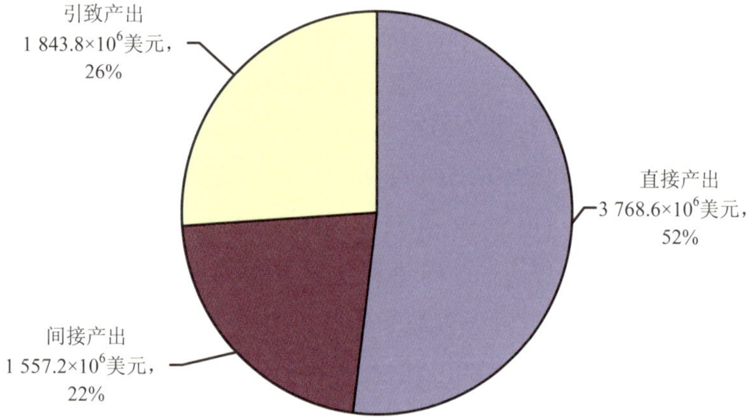

图 8-11　马塞勒斯页岩气开发产出

分行业来看，总产出排在前五位的是采矿业、建筑业、房地产业、批发业、科学研究和技术服务，分别占总产出的 14.16%、12.02%、9.49%、8.96%和 7.98%；直接产出排在前三位的是采矿业、建筑业和批发业，分别占直接产出的 26.32%、22.00%和 12.09%；间接产出排在前三位的是科学研究和技术服务、制造业、金融和保险业，分别占间接产出的 19.97%、15.37%和 10.25%；引致产出排在前三位的是房地产业、卫生和社会服务、金融和保险业，分别占引致产出的 17.13%、15.78%和 11.63%。分行业产出见表 8-3。

表 8-3　马塞勒斯页岩气开发分行业产出　　单位：10^6 美元

行业	直接产出	间接产出	引致产出	总产出
农林牧渔业	13.5	11.8	6.3	31.6
采矿业	991.9	19.4	3.8	1 015.1
公用事业	42.2	43.7	38.3	124.2
建筑业	829.2	18.6	14	861.9

行业	直接产出	间接产出	引致产出	总产出
制造业	139.4	239.3	123.1	501.9
批发业	455.7	102.2	84.8	642.7
零售业	228.2	16.3	197.7	442.2
交通运输和仓储业	90	77.7	39.7	207.4
信息业	22.1	129.5	92.9	244.5
金融和保险业	44.3	159.6	214.4	418.4
房地产业	220.6	143.9	315.8	680.3
科学研究和技术服务	174	310.9	87.1	572.1
公司管理服务	0	84.1	19.5	103.6
行政和废物管理服务	26.6	93	43	162.5
教育服务业	87.9	1.7	39.2	128.8
卫生和社会服务	190.8	3.3	290.9	484.9
艺术和娱乐	35.3	6	34.1	75.5
旅行和食品服务	87.6	26.1	81	194.7
政府	63.3	39	83.8	186.2
其他服务业	25.8	30.9	34.5	91.2
总计	3 768.6	1 557.2	1 843.8	7 169.6

数据来源：Considine T，Watson R，Blumsack S. The economic impacts of the Pennsylvania Marcellus Shale natural gas play：An update[J]. Journal of Comparative & Physiological Psychology，2010，52（4）：399-402.

（2）页岩气开发增加值

2010 年，马塞勒斯页岩气开发总增加值为 3 876.5×10^6 美元，其中直接增加值 1 982×10^6 美元、间接增加值和引致增加值分别为 828×10^6 美元和 1 066.5×10^6 美元（图 8-12）。

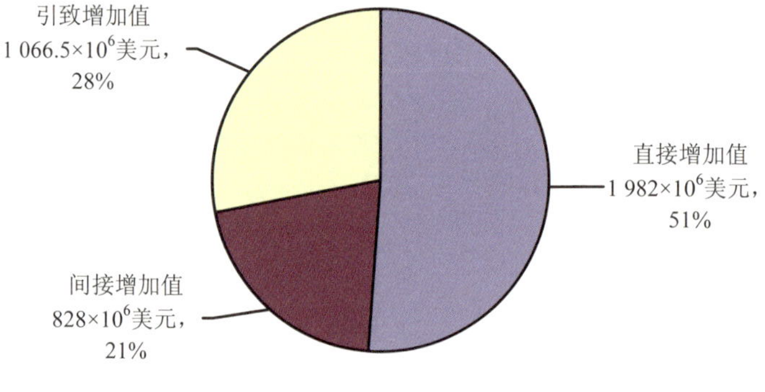

图 8-12　马塞勒斯页岩气开发增加值

分行业来看，总增加值排在前五位的是采矿业、房地产业、批发业、建筑业、科学研究和技术服务业，占总增加值的 13.27%、12.71%、11.13%、9.01%和 8.26%。直接增加值排在前三位的是采矿业、建筑业和批发业，分别占直接增加值的 25.28%、16.65%和 15.44%；间接增加值排在前三位的是科学研究和技术服务、房地产、金融和保险，分别占间接增加值的 21.52%、11.70%和 11.18%；引致增加值排在前三位的是房地产、卫生和社会服务、零售业，分别占到引致增加值的 21.83%、16.86%和 12.47%。分行业增加值见表 8-4。

表 8-4　马塞勒斯页岩气开发分行业增加值　　单位：10^6 美元

行业	直接增加值	间接增加值	引致增加值	总增加值
农林牧渔业	3.7	3.9	2.2	9.8
采矿业	501	11	2.4	514.4
公用事业	29.9	28.4	27.4	85.8
建筑业	330.1	10.7	8.4	349.2
制造业	34.4	62.1	29	125.5
批发业	306	68.6	56.9	431.5
零售业	152	11.1	133	296.1
交通运输和仓储	49.5	48.3	22.9	120.7
信息业	9.2	51.6	37.4	98.2

行业	直接增加值	间接增加值	引致增加值	总增加值
金融和保险业	23.8	92.6	112.2	228.7
房地产业	163.1	96.9	232.8	492.8
科学研究和技术服务	91.2	178.2	50.9	320.3
公司管理服务	0	50.6	11.8	62.4
行政和废物管理服务	14.9	59	26.6	100.5
教育服务业	50.2	0.9	23	74.2
卫生和社会服务	119.1	2	179.8	300.9
艺术和娱乐	14.9	3.2	14.8	32.9
旅行和食品服务	44.7	12.7	39.4	96.9
政府	33	20.8	42.1	95.9
其他服务业	11.2	15.1	13.8	40.1
总计	1 982	828	1 066.5	3 876.5

数据来源：Considine T，Watson R，Blumsack S. The economic impacts of the Pennsylvania Marcellus Shale natural gas play：An update[J]. Journal of Comparative & Physiological Psychology，2010，52（4）：399-402.

（3）页岩气开发就业影响

2010 年马塞勒斯页岩气开发总就业人数 44 097 人，其中直接就业人数 21 778 人、间接就业人数和引致就业人数分别为 8 732 人和 13 587 人（图 8-13）。

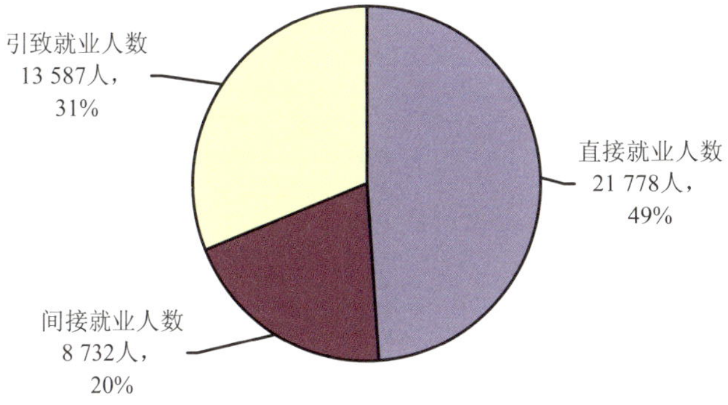

图 8-13 马塞勒斯页岩气开发就业人数

分行业来看，就业人数排在前五位的是零售业、建筑业、卫生和社会服务、科学研究和技术服务、旅行和食品服务，分别占总就业人数的 13.46%、11.96%、11.21%、7.30%和 7.27%；直接就业人数排在前三位的是建筑业、零售业和采矿业，分别占 22.91%、13.49%和 13.22%；间接就业人数排在前三位的是科学研究和技术服务、行政和废物管理服务、金融和保险业，分别占 22.19%、15.35%和 8.02%；引致就业人数排在前三位的是卫生和社会服务、零售业、旅行和食品服务，分别占 21.62%、20.39%和 10.25%。分行业就业人数见表 8-5。

表 8-5　马塞勒斯页岩气开发分行业就业人数

行业	直接就业人数	间接就业人数	引致就业人数	总就业人数
农林牧渔业	103	130	79	311
采矿业	2 878	51	82	937
公用事业	73	45	41	159
建筑业	4 989	161	122	5 272
制造业	239	574	222	1 034
批发业	2 266	508	421	3 195
零售业	2 938	225	2 771	5 934
交通运输和仓储	613	617	303	1 533
信息业	61	322	239	621
金融和保险业	164	700	847	1 711
房地产	446	586	596	1 629
科学研究和技术服务	738	1 938	543	3 219
公司管理服务	0	302	70	372
行政和废物管理服务	326	1 340	600	2 266
教育服务业	1 070	23	574	1 667
卫生和社会服务	1 984	22	2 938	4 943
艺术和娱乐	401	113	403	917
旅行和食品服务	1 368	445	1 393	3 206
政府管理	968	427	1 238	2 633
其他服务业	154	203	180	538
总计	21 778	8 732	13 587	44 098

数据来源：Considine T，Watson R，Blumsack S. The economic impacts of the Pennsylvania Marcellus Shale natural gas play：An update[J]. Journal of Comparative & Physiological Psychology，2010，52（4）：399-402.

8.4　本章小结

本章主要阐述了美国页岩气资源潜力、分布与勘探开发进展，分析了美国页岩气开发的经济性和经济社会影响；比较分析了我国与美国页岩气开发主要经济性参数的差异，分析了影响中美页岩气开发经济性的主要因素。通过分析得到以下结论：

①根据 EIA 的评估数据，美国页岩气资源量为 17.8 万亿 m^3，主要分布在东北部、墨西哥湾、中部内陆、洛基山南部和西海岸等地区，以宾夕法尼亚州、得克萨斯州、西弗吉尼亚州、俄克拉荷马州和俄亥俄州五个州页岩气储量最集中。美国是世界上页岩气勘探开发最早和最成功的国家，2017 年美国页岩气产量为 4 772 亿 m^3，占美国天然气产量的近一半。宾夕法尼亚州和得克萨斯州是美国页岩气产量最大的两个州，两者占全美页岩气产量的近 60%。

②比较分析了中美页岩气开发主要经济性参数差异，美国页岩气开发成本约为 4 400 万元，我国重庆页岩气开发成本约为 7 000 万元。美国页岩气开发成本中购置成本占比达到 1/3 以上，我国当前购置成本极小。重庆页岩气钻井工程成本和完井工程成本分别是美国 Marcellus 页岩气的 2.7 倍和 1.7 倍。

③我国涪陵页岩气开发单位钻井成本约是美国 Marcellus 页岩气单位钻井成本的 2.4 倍，单位压裂成本是美国单位压裂成本的 1.6 倍。在单井初始产量和单井最终采收量两方面重庆页岩气开发都大于美国 Marcellus 页岩气开发。在页岩气开发价格和终端销售价格方面，我国页岩气价格均大于美国。

④美国页岩气开发对经济社会的影响主要表现在带动经济增长、降低天然气对外依存度、降低天然气价格、改善能源结构、增加就业、增强化工行业竞争力等方面。

⑤2010 年，马塞勒斯页岩气开发每 1 美元的固定投资，带来的总产出是 1.90 美元，页岩气开发总产出为 $7\,169.6\times10^6$ 美元，总增加值为 $3\,876.5\times10^6$ 美元，带来总就业人数为 44 098 人。

第9章 主要结论与政策建议

9.1 主要结论

本书以重庆页岩气开发为案例，综合运用包括经济评价分析理论、投入产出理论、环境价值评估理论、外部性理论等相关理论，分析了我国页岩气勘探开发现状及存在的问题，页岩气开发项目的经济性及其影响因素，页岩气开发对涪陵、重庆和我国的经济社会环境影响。通过研究得到如下结论：

9.1.1 页岩气开发经济性评价相关结论

①重庆页岩气单井初始产量差别大，不同资源等级页岩气井经济性差别大。重庆 5 个资源等级的页岩气井，当页岩气气价为 1.35 元/m^3 时，P10 井只有在开发成本小于 3 000 万元时，NPV＞0；而 P30 井、P60 井、P80 井和 P100 井，NPV＞0；当页岩气气价为 1.59 元/m^3 时，P10 井同样在开发成本小于 3 000 万元时，NPV＞0，而 P30 井、P60 井、P80 井和 P100 井，NPV＞0；当页岩气气价为 1.68 元/m^3 时，P10 井在开发成本小于 5 000 万元时，NPV＞0，而 P30 井、P60 井、P80 井和 P100 井，NPV＞0。

②不同单井初始产量，项目 IRR 达到 8%，需要不同的开发成本控制要求。结合初始产量盈亏点在 10 万～15 万 m^3/d，选取页岩气基准价格 1.59 元/m^3，单井初始产量 10 万 m^3/d、12 万 m^3/d 和 15 万 m^3/d，开发成本 3 000 万元、4 000 万元、5 000 万元、6 000 万元和 7 000 万元进行了页岩气开发 IRR 分析，经分析可知单井初始产量为 10 万 m^3/d 时，页岩气开发成本控制在 3 483 万元以下，项目的 IRR 可以达到 8%；单井初始产量为 12 万 m^3/d 时，页岩气开发成本控制在 4 275 万元以

下，项目的 IRR 可以达到 8%；单井初始产量为 15 万 m^3/d，页岩气开发成本控制在 5 463 万元以下，项目的 IRR 可以达到 8%。

③页岩气价格和单井初始产量对页岩气开发经济性影响最大，成本次之，资源税率影响最小。从页岩气开发项目的敏感性分析来看，页岩气价格和初始产量对 NPV 的影响程度较大，分别达到 36.1%和 35.2%，其次是成本对 NPV 的影响达到 25.8%，其中开发成本的影响程度为 15.8%，经营成本的影响程度为 10%，资源税率对 NPV 的影响程度较小，仅有 2.8%。

④不同气价和开发成本下，初始盈亏产量有所差异；基准情景下，初始产量盈亏点为 13.39 万 m^3/d。以气价 1.59 元/m^3、开发成本 7 000 万元为基准情景，页岩气初始产量的盈亏点为 133 930 m^3/d。不同气价和开发成本下，初始盈亏产量有所差异。在气价为 1.35 元/m^3 时，开发成本 4 000 万元情况下，页岩气初始产量的盈亏点为 115 160 m^3/d; 开发成本 5 000 万元情况下，页岩气初始产量的盈亏点为 124 200 m^3/d; 开发成本 6 000 万元情况下，页岩气初始产量的盈亏点为 135 780 m^3/d；开发成本 7 000 万元情况下，页岩气初始产量的盈亏点为 147 305m^3/d；在气价为 1.59 元/m^3 时，开发成本 4 000 万元情况下，页岩气初始产量的盈亏点为 104 590 m^3/d；开发成本 5 000 万元情况下，页岩气初始产量的盈亏点为 114 370m^3/d；开发成本 6 000 万元情况下，页岩气初始产量的盈亏点为 124 150 m^3/d；在气价为 1.68 元/m^3 时，开发成本 5 000 万元情况下，页岩气初始产量的盈亏点为 105 470m^3/d；开发成本 6 000 万元情况下，页岩气初始产量的盈亏点为 114 840 m^3/d；开发成本 7 000 万元情况下，页岩气初始产量的盈亏点为 124 210 m^3/d。

9.1.2 页岩气开发对经济社会环境影响相关结论

①页岩气产业对涪陵区经济社会发展直接和间接贡献突出，但页岩气勘探开发进入平稳期后，经济带动会逐步下降。2015 年中石化涪陵页岩气项目行业增加值占涪陵区 GDP 总量的 5.3%，拉动涪陵区 GDP 增长 3 个百分点。页岩气产业同时也间接带动其他行业的发展，促进了商贸流通、住宿、餐饮，增加居民收入和扩大就业。然而页岩气勘探开发进入平稳期后，直接经济带动会逐步下降，对涪陵区经济的支撑作用将削弱，地方政府面临着如何利用页岩气就地转化以促进经济可持续发展的挑战。

②当前页岩气开发对涪陵环境影响整体不明显，但存在地下水系改变、浅层地下水污染风险和噪声污染等。页岩气开发水资源消耗量占当地用水总量的1.15%～1.23%，不会造成显著的额外供水压力；重庆涪陵页岩气开发基本无废水外排，对地表水影响小；在二维和三维地震勘探过程中的放炮会造成地下水的重新分配，可能会使溶洞水和井水干枯。非正常情况下的钻井事故的溢流和废水储存设施破损，可能对浅层地下水造成一定的污染。页岩气钻井和试气过程中的噪声污染对周边居民和饲养的家禽家畜会产生一定影响。

③当前涪陵页岩气开发环境外部成本较小，环境外部效益远大于环境外部成本，同时环境内部效益大于环境内部成本。当前页岩气产生的环境外部影响不明显，大部分外部成本已进行了补偿，部分外部成本难以测算，本书主要测算了甲烷泄漏外部成本。甲烷泄漏外部成本为 0.34×10^4 万元，即环境外部成本为 0.34 亿元，环境外部效益为 38.19 亿元，环境外部效益远大于环境外部成本。通过涪陵页岩气开发环境成本效益分析可知，环境内部效益大于环境内部成本，根据重庆涪陵 2020 年计划开发 200 口井测算，环境内部成本约为 2.68 亿元，环境内部效益约为 4.42 亿元。

④页岩气开发给重庆带来的经济社会效益明显，页岩气产业对国民经济的推动能力高于社会平均水平，对国民经济发展有较大的促进作用。通过模型测算页岩气开发对重庆经济社会影响可知，2020 年重庆页岩气产业发展累计带来的经济总产出为 6 357 亿元，重庆每 1 元的固定资本投资，带来的总产出是 3.84 元。重庆页岩气开发累计总增加值为 2 294 亿元，年均 GDP 贡献 3.27 个百分点；累计总税收收入 341 亿元，年均贡献 5.93 个百分点；累计总就业人数 91.6 万人，年均贡献 1.3 个百分点。通过对页岩气产业的波及效应进行评估得出，页岩气产业的影响力系数为 1.207 0，页岩气产业对国民经济的推动能力高于社会平均水平，对国民经济发展有较大的促进作用。

⑤页岩气开发对重庆整体水资源压力不大，但部分开发区块仍需考虑对水资源的影响。2017—2020 年重庆页岩气开发新水消耗总量为 1 288 万 m^3，平均 322 万 m^3/a。页岩气水资源消耗量占当地用水总量的 0.04%，再考虑重复压裂的话，页岩气水资源消耗量也仅占当地用水总量的 0.12%，不会造成显著的额外供水压力。然而，通过对重庆不同页岩气开发区的水环境分析可知，綦江、荣昌—永川、忠县—丰都区块属于缺水地区，人均水资源量均低于 2016 年全国人均水资源量

2 262 m^3，未来进行页岩气开发需要考虑对水资源的影响。

⑥页岩气开发对于优化重庆和我国能源消费结构作用显著，页岩气在能源替代过程中对于大气污染物和温室气体减排效应显著。到 2020 年，重庆页岩气消费占重庆天然气消费量和能源消费总量的 46%和 6.8%；我国页岩气消费占我国天然气消费量和能源消费总量的 7.59%和 0.75%。到 2020 年，重庆市内消纳的页岩气可替代终端消费散烧煤炭 0.06×10^8 t，可实现减排二氧化碳 1 042.89 万 t、二氧化硫 5.27 万 t、氮氧化物 0.99 万 t、烟尘 10.07 万 t；我国页岩气消费可替代终端消费散烧煤炭 0.5×10^8 t，可实现减排二氧化碳 8 690.8 万 t、二氧化硫 43.9 万 t、烟尘 83.95 万 t、氮氧化物 8.25 万 t。

9.1.3　中美页岩气开发对比相关结论

①重庆页岩气钻井和完井成本大于美国 Marcellus 页岩气成本。美国页岩气开发成本中购置成本占比达到 1/3 以上，当前我国购置成本极小。重庆页岩气钻井工程成本和完井工程成本分别是美国 Marcellus 页岩的 2.7 倍和 1.7 倍；单位钻井成本约为美国 Marcellus 页岩单位钻井成本的 2.4 倍，单位压裂成本是美国单位压裂成本的 1.6 倍。

②单井初始产量和单井最终采收量两方面，重庆页岩气开发大于美国页岩气开发。重庆页岩单井平均初始产量约为 32.99 万 m^3，Barnett 页岩单井初始产量为 5.4 万～6.2 万 m^3，Eagle Ford 页岩单井初始产量为 14.2 万～28.7 万 m^3。重庆单井最终采收量为 103×10^6～$216\times10^6 m^3$，Marcellus 单井最终采收量为 39×10^6～$150\times10^6 m^3$，Fayetteville 单井最终采收量为 48×10^6～$73\times10^6 m^3$。

9.2　政策建议

9.2.1　提高页岩气开发经济性相关政策建议

（1）建议通过国家科技计划加大钻完井技术攻关，页岩气开发企业完善优化钻完井技术

从页岩气开发项目成本构成的角度来看，页岩气开发钻井成本和完井成本

占开发总成本比例较大。因此，降低页岩气开发总成本关键是降低钻井成本和完井成本。一方面，建议通过国家科技计划，加强页岩气钻完井技术和关键设备的攻关，如加大钻井旋转导向技术攻关、加大压裂工具的研发、提高国产压裂工具的性能等；另一方面，从中美页岩气开发经济性关键参数比较来看，我国页岩气开发单位钻井和完井周期是美国的2～3倍。针对目前钻完井周期较长问题，建议页岩气开发企业持续完善优化钻井工程技术，加大水平井的一趟钻技术攻关，缩短钻井周期；精细化压裂作业，加快压裂完井施工周期。

（2）建议以国土资源部为主体，逐步建立企业间资料和经验共享制度

中石化重庆涪陵页岩气勘探开发有限公司从技术优化、管理创新和作业模式改进等三个方面着手建立学习曲线，实现了页岩气开发成本的下降。学习曲线的另一方面是，页岩气开发企业通过页岩气开发资料和经验的共享，借鉴其他开发井的开发经验，也可以不断改进学习效果，降低开发成本。美国经验表明，加速企业自我学习和企业间资料共享的学习曲线是页岩气开发成本下降的关键。建议以国土资源部为主体，积极推进页岩气资源评价数据库和全国页岩气勘探开发信息与经验共享平台的建立，实时收集和汇总页岩气勘探开发相关资料，特别是钻完井资料以及勘探开发中遇到的问题与经验教训总结等，并定期提供相关资料，形成资料共享机制，减少不必要的勘探开发成本，最终从两个方面实现页岩气开发学习曲线加速效应，推进页岩气勘探开发工作。

（3）建议财政部和国家能源局尽快研究制定页岩气开发动态补贴和税费机制

我国页岩气开发正处在起步阶段，对页岩气开发提供政策支持是至关重要的。2015年以来，国家陆续下调了各省天然气门站价格，并调低了2016—2020年页岩气开发利用的财政补贴标准，而预期的资源税费等减免政策却仍未实施落地，这对处于起步阶段的我国页岩气产业发展极为不利。此外，当前重庆开发一期“甜点”区块虽具有较好的经济性，但重庆页岩气开发二期区块深度明显增加，区块开发成本明显提高。页岩气开发项目经济评价是动态过程，建议财政部和国家能源局在制定页岩气开发补贴和税费等相关扶持政策时，充分考虑页岩气项目经济性评价的关键参数，如开发区域勘探成本、当前企业平均开发成本、当前气价水平和页岩气产气量等，动态调整页岩气开发补贴和相关税费等，而不是采取单一的补贴和税费，制定一套页岩气动态补贴和相关税费标准，建立页岩气动态补贴

和税费机制。

9.2.2 推进重庆页岩气产业发展相关政策建议

针对重庆调研过程中页岩气勘探开发进入平稳期后直接经济带动作用逐步下降问题以及重庆页岩气开发对经济社会贡献明显，提出相关政策建议：

（1）建议涪陵区加快进行页岩气就地利用转化研究

随着页岩气勘探开发进入平稳期，直接经济带动作用会逐步下降，地方政府面临着如何利用页岩气就地转化以促进经济可持续发展的挑战。建议涪陵区在分析区内天然气（页岩气）供需现状、剖析影响天然气需求的主要影响因素（天然气价格、经济发展水平、基础设施建设、环保等相关政策）的基础上，深入挖掘页岩气利用潜力，尽快进行页岩气就地利用转化研究，充分发挥环保、产业、金融、财政、价格政策的作用，加快推进页岩气利用，重点强化传统化工产业转型升级、积极推广 LNG 的车船应用、鼓励天然气分布式利用等。并结合重庆市页岩气“十三五”规划的总体部署，适时引进围绕整个页岩气产业链有实力的企业发展油气勘探开发装备研发制造和气田服务等相关项目，促进当地页岩气产业发展。

（2）建议重庆加大页岩气产业投资力度，打造新的经济增长点

当前大多数产业都面临着产业过剩问题，重庆页岩气产业投资还留有很多空白，从上游探勘开发到中游管网建设再到下游利用，以及围绕整个页岩气产业链的装备制造和服务都有很多机会。加大页岩气产业投资力度，对于推动重庆整个投资增长、形成新的经济增长点具有重要作用。建议充分发挥涪陵国家级页岩气示范区的引领作用，加大整个重庆的勘探开发投资力度；结合页岩气产能建设和市场需求，加快投资建设页岩气配套管网体系；发挥页岩气资源产地优势，加大投资建设页岩气利用设施，并逐步扩大页岩气综合利用范围；基于川渝、湖北、云贵等周边省（市）存在的广泛的页岩气勘探开发和下游利用市场，设立支持页岩气装备制造业的产业基金，主导成立国家级页岩气装备检测中心，全力培育页岩气上下游装备制造业发展，打造装备制造业新增长极，逐步将页岩气产业从战略性新兴产业培养成为支柱产业。

9.2.3 加强页岩气开发环境监管相关政策建议

（1）建议环保部门率先在重庆涪陵页岩气开发区研究制定环境监管制度

重庆涪陵页岩气开发示范区是目前我国页岩气开发最成功的区域，一方面，重庆涪陵页岩气示范区勘探开发取得显著进展；另一方面，重庆涪陵页岩气示范区各种潜在环境风险也在增加。因此，建议环保部门率先在重庆涪陵页岩气开发示范区研究制定环境监管框架和相关配套制度，通过示范区的相关实践为我国其他页岩气开发区在环境监管方面提供经验借鉴。尽快制订相应技术标准和规范，使环境监管有法可依；尽快建立基层监管队伍，重视培养专业的监管队伍，掌握环境监管标准和规范；设立页岩气开发环保技术推广基金和环境保护风险基金，为实施监管提供资金保障。

（2）建议页岩气开发企业切实解决页岩气开发带来的环境问题

涪陵示范区页岩气开采环境影响主要体现在地下水污染、噪声污染和生态环境破坏等方面。页岩气勘探过程中的三维地震会造成喀斯特地貌的地下水流向改变，造成部分出水点干枯，因此在进行三维地震勘探时，应尽可能避开地下水源区域，并制订居民用水应急预案，勘探结束后尽快恢复或新建水利设施。对于页岩气钻井和试气过程中的噪声污染，要严格控制钻前土方施工时间和试气压裂求产时间，并采取加减震基座、集气站技术改造等措施有效控制噪声。在页岩气开发生态补偿方面，建立长效的生态补偿机制和赔偿机制，最大限度地争取居民的支持，从而推进页岩气产业持续健康发展。

（3）建议水利部门和环保部门加强水资源和污染物监测，全面提升科学监管水平

建议水利部门做好页岩气开发过程用水量监测工作，页岩气开发用水需求主要集中在初期完井阶段，应收集页岩气开发用水来源、用水量、页岩气井钻采计划数据，监测水资源变化；建议环保部门做好项目开发前后的水质监测，对于重庆和全国尚未进行规模开发的区块，开发前采集地表水和地下水的基线数据，特别注重测定特征污染物，这样才能有效判断页岩气开发是否造成污染；建议页岩气开发企业做好甲烷排放实时监测，测定甲烷排放量，采取有效措施减少甲烷泄漏，提高甲烷利用率。

9.2.4　加快我国页岩气产业发展相关政策建议

针对我国页岩气勘探开发面临的问题，提出加快我国页岩气产业发展的相关政策建议：

（1）明确页岩气在我国能源革命中的战略定位

从当前我国非常规油气的开发来看，页岩气相比煤层气和煤制气等非常规气在短期内更有可能进行规模化开发，且由于页岩气储量巨大，对促进能源供给侧结构性改革有着更为重要的作用。此外，页岩气相比煤炭和石油等常规能源，更为清洁、低碳；与常规天然气相比，资源量为常规天然气的近两倍且热值更高；与可再生能源可形成良性互补，提高清洁能源比重。因此，页岩气在我国天然气供应方面承担着重要的责任，必须明确其在我国能源革命中的战略定位，中长期内把页岩气培育成为仅次于常规天然气的主体能源。

（2）加强页岩气资源调查评价工作，为规模化发展页岩气奠定基础

全面加强页岩气资源调查评价工作，以目前勘探开发取得突破的四川盆地海相页岩气为重点，兼顾其他地区，进一步落实页岩气经济可采资源量，准确掌握“甜点区”分布。对页岩气资源评价方法和技术进行创新，充分利用各种技术，如气藏描述技术、地球物理化学技术、岩心实验测试技术等对储层进行评价，通过我国钻井不断积累的数据来计算页岩气资源储量和可采资源量，从而实现资源量的准确预测，为我国未来大规模开发页岩气做好基础准备。

（3）推进页岩气上游体制改革，建立现代页岩气资源勘查开采市场体系

总结页岩气矿权第一轮和第二轮招标的经验，持续深入推进页岩气勘查开采市场化改革，有序放开准入限制，进一步规范准入要求；建立完善的页岩气探矿权竞争出让制度，鼓励有条件的企业参与页岩气勘查开采，不断引入竞争机制，引导企业加大资金、技术投入，不断降低开发成本；完善并严格执行区块退出机制，规范页岩气矿业权流转机制，建立完善页岩气地质资料公开和共享机制，逐步建立完善现代页岩气资源勘查开采市场体系。

（4）加大页岩气基础设施建设力度，加快页岩气就地利用和市场开发

充分考虑现有和规划管线与产能区和消费区的匹配情况，加大页岩气基础设施建设。根据全国天然气管网建设及规划情况，支持页岩气接入管网。在重庆和

四川等页岩气主产区，积极推进页岩气外输管道建设，避免出现外输管道限制产能情况出现；在页岩气产量较低且管网不发达地区，建设液化天然气利用装置，提高页岩气利用率。落实好页岩气开发利用的财政补贴政策，加大支持页岩气就地利用政策并加大天然气市场开发，鼓励各种投资主体进入页岩气销售市场。

9.3 本研究创新点与需进一步研究的问题

9.3.1 主要创新点

（1）通过实地调研，探索建立了与重庆页岩气开发项目相适应的经济性评价体系

本书通过对重庆页岩气开发资源条件、开发成本、技术装备水平、页岩气井产能递减规律、页岩气产量等影响页岩气开发经济性关键因素进行调研，探索建立了与重庆页岩气开发项目相适应的经济性评价体系，分析了页岩气开发项目的经济性及其影响因素，为企业开发页岩气资源提供了经济评价的重要参数，也为政府制定页岩气资源税费和补贴政策提供了参考。

（2）通过实地调研和采用投入产出模型，分别评估和预测了页岩气开发对涪陵和重庆的经济社会影响

本书通过实地调研评估了涪陵页岩气开发对经济社会的影响；同时通过采用与 IMPLAN 模型本质一致的投入产出模型评估并预测了重庆页岩气开发带来的经济社会影响，测算了页岩气开发对重庆经济总产出、增加值、税收和就业的影响，并进一步分析了页岩气的产业关联效应和波及效应，为重庆市政府制定相关政策提供科学的量化支撑。

（3）定量分析了涪陵页岩气开发环境成本效益和页岩气开发将对重庆带来的环境影响

通过对涪陵页岩气开发实地调研，基于环境成本效益核算方法，定量分析了涪陵页岩气开发环境内部成本效益和环境外部成本效益；并定量分析了重庆页岩气产业“十三五”规划实施将给重庆带来的不利环境影响和有利环境影响，与已有研究相比，突出了环境与经济定量分析。

9.3.2　需要进一步研究的问题

（1）进一步调研评估重庆页岩气开发二期项目经济性

本书研究的页岩气开发项目经济性主要是一期重庆境内某区块开发项目的经济性。二期主要是江东、平桥等区块，二期开发时间不长，页岩气区块与一期区块在地质构造、断裂发育、资源埋深和资源品质等方面存在差异。首先，与一期产建区相比，二期产建区地质构造更为复杂且断裂更加发育；其次，二期产建区资源埋深明显大于一期产建主体区，大部分埋深均大于 3 500 m；最后，二期产建区资源品质变差，探明储量品质下降，且区块分散、资源零散、保存条件差。因此，二期产建区钻井工程、试气工程和地面工程投入增加，同时资源品质变差，需进一步调研评估。

（2）选取合适的评价单元，进行页岩气开发项目的经济费用效益分析

当前国内外在研究页岩气开发项目经济性时大都采用财务分析的方法。本书所做的经济性分析也是基于单井的财务分析，基于单井的财务分析可为企业优化投资决策，特别是当前企业勘探开发页岩气积极性不高，更需要进行财务分析。此外，进行页岩气开发项目的财务分析可为政府制定页岩气资源税费和补贴等相关政策提供参考。然而，随着页岩气的大规模开发，页岩气开发带来的环境外部影响将逐步显现，需采用合适的方法将页岩气开发的间接费用效益纳入整个项目评估中，并选取合适的评价单元，如多井共用的平台或多井开发集中区域，进一步评估页岩气开发项目的经济费用效益。

（3）采用合成控制法进一步研究涪陵页岩气开发对经济社会的净影响

本书通过调研分析了页岩气开发项目对涪陵经济社会的直接影响和间接影响，但缺乏页岩气相关产业带来的经济社会影响。由于涪陵地区缺乏相关行业间的投入产出关系，因此不能采用投入产出模型进行分析。随着涪陵二期项目逐步开展，页岩气开发将给涪陵区带来更为明显的经济社会影响，下一步可采用合成控制法对其进行评估。合成控制法属于对照方法，可选取重庆市所辖县级区中与涪陵区在资源禀赋、自然环境、经济发展水平方面接近的区县数据进行加权作为参照组，研究页岩气开发对涪陵经济社会的净影响。

（4）通过改进的投入产出模型测算页岩气开发带来的相关经济社会损失

在页岩气开发初期，页岩气开发经济社会效益明显，而经济社会损失较小，适合采用投入产出模型评估页岩气开发带来的经济社会影响。而随着页岩气开发，页岩气开发带来的环境影响可能会逐步显现，需要重视和关注，投入产出模型在方法学上不能反映环境影响。下一步研究中可将环境污染包含到投入产出模型中，如通过扩展表的方式建立改进的经济-环境投入产出模型评估页岩气开发带来的环境成本。此外，由于投入产出模型忽略了页岩气开发限制其他行业发展的可能性，带来估计结果的偏高，同样需要进一步研究。

参考文献

[1] Arthur J D Uretsky M Wilson P. In Water Resources and Use for Hydraulic Fracturing in the Marcellus Shale Region. 2010 Marcellus Shale：Energy Development and Enhancement by Hydraulic Fracturing Conference，Pittsburgh，PA，May 5-6，AIPG -American Institute of Professional Geologists：Pittsburgh，PA，May 5-6，2010；p 22.

[2] Ashenfelter O，Card D E. Using the longitudinal structure of earnings to estimate the effect of training programs[J]. Review of Economics & Statistics，1984，67（4）：648-660.

[3] Abadie A，Gardeazabal J. The economic costs of conflict：A casestudy for the Basque Country [J]. American Economic Review，2001，93（1）：113-132.

[4] Abadie A，Diamond A，Hainmueller J. Synthetic control methods for comparative case studies：Estimating the effect of California's tobacco control program [J]. Journal of the American Statistical Association，2010，105：493-505.

[5] Agbaji A，Lee B，Kumar H，et al. Sustainable development and design of Marcellus shale play in Susquehanna，PA. University Park，PA：Pennsylvania State University；2009.

[6] Aguilera RF，Ripple RD. Technological progress and the availability of European oil and gas resources. Appl Energy 2012；96：387-92. http：//dx.doi.org/10.1016/j.apenergy.2012.02.069.

[7] Barree RD，Cox SA，Miskimins JL，et al. Economic optimization of horizontal well completions in unconventional reservoirs；2014. SPE-168612-MS. http：//dx.doi.org/10.2118/168612-MS.

[8] Baihly JD，Altman RM，Malpani R，et al. Shale gas production decline trend comparison over time and basins；2010. SPE-135555-MS.

[9] Bonakdarpour M，Flanagan B，Holling C，et al. The economic and employment contributions of shale gas in the United States. Washington DC：IHS Global Insight；2011.

[10] Burnham，Han，Corrie E. Clark，et al. Life-Cycle Greenhouse Gas Emissions of Shale Gas，

Natural Gas，Coal，and Petroleum[J]. Environmental Science & Technology，2012，46（2）：619-627.

[11] Britt LK，Jones JR，Miller WK. Defining horizontal well objectives in tight and unconventional gas reservoirs；2010. SPE-137839-MS. http：//dx.doi.org/10. 2118/137839-MS.

[12] Center for Business and Economic Research.Projecting the economic impact of the Fayetteville shale play for 2008-2012 [R].State of Arkansas：Walton School of Business，University of Arkansas，2008.

[13] Connors SR，Hezir JS，Mcrae GS，Michaels H，Ruppel C. The future of natural gas：an interdisciplinary MIT study. Cambridge，MA：Massachusetts Institute of Technology；2011.

[14] Cohen H A，Parratt T，Andrews C B. Potential Contaminant Pathways from Hydraulically Fractured Shale to Aquifers[J]. Groundwater，2013，51（3）：317-319.

[15] Considine T，Watson R，Entler P，et al. An emerging giant：Prospects and economic impacts of developing the Marcellus Shale natural gas play[R]. Pennsylvania：The Pennsylvania State University，2009.

[16] Considine T，Watson R，Blumsack S. The economic impacts of the Pennsylvania Marcellus Shale natural gas play：An update[J]. Journal of Comparative & Physiological Psychology，2010，52（4）：399-402.

[17] Clark C E，Horner R M，Harto C B. Life cycle water consumption for shale gas and conventional natural gas[J]. Environmental Science & Technology，2013，47（20）：11829-11836.

[18] COGA. Water Sources and Demand for the Hydraulic Fracturing of Oil and Gas Wells in Colorado from 2010 through 2015.

[19] David F. Martineau[J]. AAPG Bulletin，2007，91（4）：399-403.

[20] Duman RJ. Economic viability of shale gas production in the Marcellus shale；indicated by production rates，costs and current natural gas prices. Houghton，MI：Michigan Technological University；2012.

[21] Dougherty EL，Chang J. A method to quickly estimate the probable value of shale gas well；2010. SPE-134005-MS.

[22] Elst N J V D，Abers G A. Enhanced remote earthquake triggering at fluid-injection sites in the

midwestern United States[J]. Science，2013，341（6142）：164-167.

[23] Fondren ME，McVay DA，Gonzalez RA. Applying calibration to improve uncertainty assessment；2013. SPE-166422-MS.

[24] Gao S，Zhu W，Yin C. An economic analysis of shale gas resources：a case study of the Marcellus shale play[J]. Nat Gas Ind，2014，34（6）：141-148.

[25] Gopalakrishnan S，Klaiber H A. Is the shale boom a bust for nearby residents？ Evidence from housing values in Pennsylvania [J].Social Science Electronic Publishing，2014，96（1）：43-66.

[26] Higginbotham A.The economic impact of the natural gas industry and the Marcellus Shale development in West Virginia in 2009 [R].West Virginia：Oil and Natural Gas Association，2010.

[27] HIS. America's new energy future：The unconventional oil and gas revolution and the US economy [R]. US：State Economic Contributions，vol. 2，2012.

[28] Holtz J.Open letter to members of the New York State Senate [R]. Members of the New York State Assembly：Governor Patterson and Governor-Elect Cuomo，2010.

[29] Howarth R W，Santoro R，Ingraffea A. Methane and the greenhouse-gas footprint of natural gas from shale formations[J]. Climatic Change，2011，106（4）：679-690.

[30] Harding NR. Application of stochastic prospect analysis for shale gas reservoirs；2008. SPE-114855-MS.

[31] Husain TM，Yeong LC，Saxena A，et al. Economic comparison of multi-lateral drilling over horizontal drilling for Marcellus shale field development. University Park，PA：Pennsylvania State University；2011.

[32] Hefley WE，Seydor SM，Bencho MK，et al. The economic impact of the value chain of a Marcellus shale well. Pittsburgh，PA：University of Pittsburgh；2011.

[33] Jackson R B，Vengosh A，Darrah T H，et al. Increased stray gas abundance in a subset of drinking water wells near Marcellus shale gas extraction[J]. Proceedings of the National Academy of Sciences of the United States of America，2013，110（28）：11250-11255.

[34] Jiang M，Griffin W M，Hendrickson C，et al. Life cycle greenhouse gas emissions of Marcellus shale gas [J]. Environmental Research Letters，2011，6（3）：329-346.

[35] Juell AO，Whitson CH. Optimized well modeling of liquid-rich shale reservoirs；2013. SPE

166380-MS.

[36] Kaiser MJ. Profitability assessment of Haynesville shale gas wells[J]. Energy，2012，38（1）：315-330.

[37] Kapchinske J，Sharp J. Haynesville Shale Overiew. 2008.

[38] Kinnaman T C. The economic impact of shale gas extraction：A review of existing studies [J]. Ecological Economics，2011，70（7）：1243-1249.

[39] King G E. Hydraulic Fracturing 101：What Every Representative，Environmentalist，Regulator，Reporter，Investor，University Researcher，Neighbor and Engineer Should Know About Estimating Frac Risk and Improving Frac Performance in Unconventional Gas and Oil Wells[C]//Society of Petroleum Engineers，2012.

[40] Kelsey T W，Ward M W. Natural gas drilling effects on municipal governments throughout Pennsylvania's Marcellus shale region [R].Pennsylvania State：Cooperative Extension，2011.

[41] Kuwayama Y，Olmstead S M，Krupnick A. Water Resources and Unconventional Fossil Fuel Development：Linking Physical Impacts to Social Costs[J]. Ssrn Electronic Journal，2013，41.

[42] Lake LW，Martin J，Ramsey JD，Titman S. A primer on the economics of shale gas production：just how cheap is shale gas？[J]. J Appl Corp Finance，2013，25（4）：87-96.

[43] Lester Y，Ferrer I，Thurman E M，et al. Characterization of hydraulic fracturing flowback water in Colorado：Implications for water treatment[J]. Science of the Total Environment，2015，512-513：637.

[44] Liu CH，Martinez-Rahoe B，Fleckenstein W，et al. Economic feasibility analysis of the Marcellus shale，Pennsylvania；2013. SPE-168886-MS.

[45] Li Q，Chen M，Jin Y，et al. Economic influence of hydraulic fracturing parameters on horizontal wells in shale gas bed. Spec Oil Gas Reserve，2013，20（1）：146-50. http：//dx.doi.org/10.3969/j.issn.1006-6535.2013.01.040.

[46] MacDonald RJ，Frantz Jr. JH，Merriam GW，et al. Comparing production responses from Devonian shale and Berea wells stimulated with nitrogen foam and proppant vs. nitrogen-only，Pike Co.，Kentucky；2002. SPE-77464-MS.

[47] Marongiu-Porcu M，Wang X，Economides MJ. Delineation of application and physical and economic optimization of fractured gas wells；2009. SPE-120114-MS.

[48] Meyer BR，Bazan LW，Jacot RH，et al. Optimization of multiple transverse hydraulic fractures in horizontal wellbores；2010. SPE-131732-MS. http：//dx.doi.org/10.2118/131732-MS.

[49] Miller R E，Blair P D. Input-output analysis：Foundations and extensions [M]. Englewood Cliffs，New Jersey：Prentice-Hall，1985.

[50] Mitschanek M，Thonhauser G，Prohaska M. Modeling transportation logistics，water use，and surface footprint for shale gas field developments；2014. SPE-167697-MS.

[51] Mian MA. Economics of global shale gas development. London：CWC School for Energy；2013.

[52] Moniz E J，Jacoby H D，Meggs A，et al. The future of natural gas[R]. Cambridge：Massachusetts Institute of Technology，2011.

[53] Murray K E. State-Scale Perspective on Water Use and Production Associated with Oil and Gas Operations，Oklahoma，U.S.[J]. Environmental Science & Technology，2013，47（9）：4918-4925.

[54] Munasib A，Rickman D S. Regional economic impacts of the shale gas and tight oil boom：A synthetic control analysis[J]. Regional Science and Urban Economics，2015，50：1-17.

[55] New York State Department of Transportation.Transportation impacts of potential Marcellus shale gas development [R]. US：Draft Discussion Paper，2011.

[56] Nome S，Johnston P. From shale to shining shale：a primer on North American natural gas shale plays. New York，NY：Deutsche Bank；2008.

[57] Nicot J P，Scanlon B R. Water use for Shale-gas production in Texas，U.S.[J]. Environmental Science & Technology，2012，46（6）：3580.

[58] Nicot J P，Scanlon B R，Reedy R C，et al. Source and Fate of Hydraulic Fracturing Water in the Barnett Shale：A Historical Perspective[J]. Environmental Science & Technology，2014，48（4）：2464-2471.

[59] Office of Fossil Energy and National Energy Technology Laboratory，US Department of Energy. Modern shale gas development in the United States：A primer[R]. Oklahoma：Gound Water Protection Council，2009.

[60] Osborn S G，Vengosh A，Warner N R，et al. Methane contamination of drinking water accompanying gas-well drilling and hydraulic fracturing[J]. Proceedings of the National

Academy of Sciences of the United States of America，2011，108（20）：8172-8176.

[61] Pearson I，Zeniewski P，Gracceva F，et al. Unconventional gas：potential energy market impacts in the European Union. Petten：Joint Research Centre of the European Commission；2012.

[62] Rumbach A. Natural gas drilling in the Marcellus shale：Potential impacts on the tourism economy of the Southern Tier [R]. Southern Tier Central Regional：Planning and Development Board，2011.

[63] Reig P，Luo T，Proctor J N. Global shale gas development：Water availability & business risks[R]. Washington D C：World Resources Institute，2014.

[64] Sachs J D，WarnerA M.The curse of natural resources [J]. European Economic Review，2001，45（4-6）：827-838.

[65] Schlachter B.Drilling trucks have caused an estimated $2 billion in damage to Texas roads [R].Fort Worth：Star-Telegram，2012.

[66] Schweitzer R，Bilgesu HI. The role of economics on well and fracture designcompletions of Marcellus shale wells；2009. SPE-125975-MS.

[67] Stephenson T，Valle J E，Rierapalou X. Modeling the Relative GHG Emissions of Conventional and Shale Gas Production [J]. Environmental Science & Technology，2011，45（24）：10757-10764.

[68] Song B，Economides MJ，Ehlig-Economides CA. Design of multiple transverse fracture horizontal wells in shale gas reservoirs；2011. SPE-140555-MS.

[69] Taylor R S，Glaser M A，Kim J，et al. Optimization of horizontal wellbore and fracture spacing using an interactive combination of reservoir and fracturing simulation；2010. SPE-137416-MS.

[70] Throupe R，Simons R A，Mao X. A review of hydro "fracking" and its potential effects on real estate [J]. Journal of Real Estate Literature，2013，21（2）：205-232.

[71] Thomas A R，Lendel I，Hill E W，et al.An analysis of the economic potential for shale formations in Ohio[M].Mankato：Urban Publications，2012.

[72] U.S. Department of Transportation，Pipeline and Hazardous Materials Safety Administration，Office of Pipeline Safety，Building Safe Communities：Pipeline Risk and its Application to Local Development Decisions，October 2010.

[73] Uzoh C, Han J, Hu L, et al. Economic optimization analysis of the development process on a field in the Barnett shale formation. University Park, PA: Pennsylvania State University; 2010.

[74] Valdes A, McVay D A, Noynaert S F. Uncertainty quantification improves well construction cost estimation in unconventional reservoirs; 2013. SPE-167139-MS.

[75] Vengosh A, Jackson R B, Warner N, et al. A critical review of the risks to water resources from unconventional shale gas development and hydraulic fracturing in the United States[J]. Environmental Science & Technology, 2014, 48 (15): 8334-8348.

[76] Wilson K, Durlofsky LJ. Computational optimization of shale resource development using reduced-physics surrogate models; 2012. SPE-152946-MS.

[77] Weijermars R. Economic appraisal of shale gas plays in Continental Europe[J]. Appl Energy, 2013, 106: 100-115.

[78] Wehunt CD, Hrachovy MJ, Walker SC, et al. An efficient decision framework for optimizing tight and unconventional resources; 2012. SPE-162909-MS.

[79] Weinstein A L, Partridge M D.The economic value of shale natural gas in Ohio [R]. Ohio State University: The Swank Program in Rural-Urban Policy Summary and Report, 2011.

[80] Weinstein A L. Local labor market restructuring in the shale boom[J]. Journal of Regional Analysis & Policy, 2014, 44 (1): 71-92.

[81] Weber J G. The effects of a natural gas boom on employment and income in Colorado, Texas, and Wyoming [J]. Energy Economics, 2012, 34 (5): 1580-1588.

[82] Wright J D. Economic evaluation of shale gas reservoirs; 2008. SPE-119899-MS.

[83] Williams-Kovacs J D, Clarkson C R. Using stochastic simulation to quantify risk and uncertainty in shale gas prospecting and development; 2011. SPE-148867-MS.

[84] Willigers B J A. Optimization of unconventional gas developments by Bayesian logic and genetic algorithm; 2011. SPE-146581-MS.

[85] Warner N R, Kresse T M, Hays P D, et al. Geochemical and isotopic variations in shallow groundwater in areas of the Fayetteville Shale development, north-central Arkansas [J]. Applied Geochemistry, 2013, 35 (4): 207-220.

[86] Warner N R, Christie C A, Jackson R B, et al. Impacts of Shale Gas Wastewater Disposal on Water Quality in Western Pennsylvania [J]. Environmental Science & Technology, 2013, 47

（20）：11849-11857.

[87] Xia L，Luo D，Yuan J. Exploring the future of shale gas in China from an economic perspective based on pilot areas in the Sichuan basin-A scenario analysis [J]. Journal of Natural Gas Science & Engineering，2015，22：670-678.

[88] Yang M，Economides MJ. Natural proppants for hydraulic fracture productionoptimization in Eagle Ford shale；2012. SPE-153811-MS.

[89] Yu W，Sepehrnoori K. An efficient reservoir simulation approach to design and optimize unconventional gas production；2013. SPE-165343-MS.

[90] Yuan J，Luo D，Xia L，et al. Policy recommendations to promote shale gas development in China based on a technical and economic evaluation [J]. Energy Policy，2015，85：194-206.

[91] Yuan J，Luo D，Feng L. A review of the technical and economic evaluation techniques for shale gas development [J]. Applied Energy，2015，148：49-65.

[92] 薄盛远. 对页岩气开发的经济效益分析与研究[J]. 华北国土资源，2014（4）：123-124.

[93] 陈广仁，周俊一，阮长悦，等. 页岩气单井成本效益浅析[J]. 城市燃气，2013（11）：32-37.

[94] 陈明奇，杜燕，赵静，等. 页岩气行业建设项目基准收益率测算[J]. 天然气技术与经济，2013，7（2）：68-70.

[95] 重庆市涪陵区环境保护局. 涪陵页岩气田一期产建工程环境保护调查报告环评报告[R]. 2016，7.

[96] 重庆市人民政府办公厅. 关于印发《重庆市页岩气产业发展规划（2015—2020 年）》的通知（渝府办发〔2015〕43 号）[EB/OL]. http：//www.cqdpc.gov.cn/article-1-22715.aspx.

[97] 冯相昭. 从气候变化角度审视页岩气开发[J]. 环境经济，2013：49-53.

[98] 冯为为. 天然气是我国能源转型的重要突破口[J]. 节能与环保，2017（10）.

[99] 高世葵，朱文丽，殷诚. 页岩气资源的经济性分析——以 Marcellus 页岩气区带为例[J]. 天然气工业，2014，6：141-148.

[100] 高敏雪，等. 国民经济核算原理与中国实践[M]. 北京：中国人民大学出版社，2009.

[101] 郭焦锋，高世楫，赵文智，等. 我国页岩气已具备大规模商业开发条件[J]. 新重庆，2015（5）：27-29.

[102] 郭瑞，罗东坤，李慧，等. 中国页岩气开发环境成本计量研究及政策建议[J]. 环境工程，2016，34（3）：180-184.

[103] 耿小烬，王爱国，鲁陈林. 页岩气开发的经济效益与影响因素分析[J]. 中国矿业，2016，10：31-36，41.

[104] 国土资源部油气资源战略研究中心. 全国页岩气资源潜力调查评价及有利区优选成果[R]. 北京：国土资源部，2012.

[105] 国家能源局.关于印发页岩气发展规划（2016—2020 年）的通知[EB/OL]. http：//www.gov.cn/xinwen/2016-09/30/ content_5114313.html.

[106] 国家发展改革委，国家能源局.关于印发《能源生产和消费革命战略（2016—2030）》的通知（发改基础〔2016〕2795 号）. http：//www.ndrc.gov.cn/zcfb/zcfbtz/201704/t20170425_845284.html.

[107] 国家发改委，建设部. 建设项目经济评价方法与参数（第三版）[M]. 北京：中国计划出版社，2006.

[108] 郝海岗. 基于 SDA 的河北省产业结构变动分解[D]. 保定：河北大学，2009.

[109] 何凌. 页岩气开采压裂作业环境污染影响浅析[J]. 环境保护与循环经济，2017（4）：51-53.

[110] 胡惠雯. 涪陵页岩气田建成 50 亿方年产能[J]. 中国石油和化工，2016（1）：17.

[111] 胡德高. 涪陵页岩气田开发建设水污染防控探索与实践[J]. 工业用水与废水，2017，48(4)：39-43.

[112] 环境保护部环境工程评估中心，梁鹏，环境保护部. 环境影响评价技术方法[M]. 中国环境出版社，2015.

[113] 蒋红兰. 页岩气开发成本分析与研究[J]. 会计之友，2013，23：41-43.

[114] 蒋志文. 页岩气简介[J]. 云南地质，2010，29（1）：111-112.

[115] 孔令峰，李凌，孙春芬. 中国页岩气开发经济评价方法探索[J]. 国际石油经济，2015，23（9）：94-99.

[116] 刘洪林，王红岩，刘人和，等. 中国页岩气资源及其勘探潜力分析[J]. 地质学报，2010，84（9）：1374-1378.

[117] 刘起运，陈章，等. 投入产出方法[M]. 北京：中国人民大学出版社，2006.

[118] 刘琴. 采矿权法律定位的探析 1[J]. 六盘水师范学院学报，2013（3）：64-66.

[119] 刘小丽，田磊，杨光，等. 中国页岩气开发环境影响评价和监管制度研究[M]. 北京：中国经济出版社，2016.

[120] 刘存斌. 生态旅游发展的产业效率与区域效应分析[D]. 兰州：兰州大学，2012.

[121] 柳阳. 浅析编制投入产出表的非调查方法[J]. 科技创业月刊，2015（6）：52-55.

[122] 吕建中，刘嘉，李万平，等. 美国页岩气开发的低成本之路——作为一项经济活动，最终能够推动页岩气产量大幅度提高、实现规模化生产和商业性利用的还是低成本战略[J]. 世界石油工业，2012（3）：32-37.

[123] 吕连宏，张型芳，庞卫科，等. 实施《页岩气发展规划（2016—2020 年）》的环境影响研究[J]. 天然气工业，2017（3）：132-138.

[124] 李超，王红秋. 美国页岩气开发对化工市场的影响[J]. 中外能源，2015，20（2）：18-22.

[125] 李庆辉，陈勉，Fred P.Wang，等. 工程因素对页岩气产量的影响——以北美 Haynesville 页岩气藏为例[J]. 天然气工业，2012，32（4）：54-59.

[126] 廖友运，李文厚，王若谷. 延长探区延 153 井古生界储层物性特征及主控因素研究[J]. 图书情报导刊，2010，20（7）：168-170.

[127] 陆廷清，胡明，刘墨翰，等. 页岩气开发对川渝地区水资源环境的影响[J]. 科技导报，2016，34（23）：51-56.

[128] 林成. 从市场失灵到政府失灵：外部性理论及其政策的演进[D]. 沈阳：辽宁大学，2007.

[129] 林孝松，陈洪凯，王先进，等. 重庆市涪陵区 G319 公路洪灾风险评估研究[J]. 长江流域资源与环境，2013，22（2）：244-250.

[130] 马忠玉，温志超，李继峰，等. 页岩气开发对地区经济影响评估方法与思路[J]. 生态经济（中文版），2017，33（10）：62-68.

[131] 马忠玉，温志超，谢海燕，等. 页岩气开发对地区经济社会环境影响的初步评估——重庆涪陵页岩气国家级示范区调研报告[J]. 中国物价，2017（9）：64-66.

[132] 牛新明. 涪陵页岩气田钻井技术难点及对策[J]. 石油钻探技术，2014（4）：1-6.

[133] 彭民，杨洪波，李玉喜，等. 页岩气资源开发的环境影响研究综述[J]. 资源开发与市场，2015，31（3）：327-331.

[134] 彭民，雷鸣，杨洪波，等. 我国页岩气资源开发中的环境政策选择——基于环境空间差异的考虑[J]. 生态经济（中文版），2016，32（4）：208-213.

[135] 史聆聆，李小敏，马建锋，等. 页岩气开发压裂返排液环境监管及对策建议[J]. 环境与可持续发展，2015（4）：39-42.

[136] 施骋. 我国煤炭价格形成机制及其影响因素研究[D]. 北京：北京交通大学，2015.

[137] 石林. 美国页岩气考察报告[R]. 2017.

[138] 苏新莉. 环境污染的经济学分析及其制度安排[D]. 武汉：中国地质大学，2003.

[139] 苏治，胡迪. 通货膨胀目标制是否有效？——来自合成控制法的新证据[J]. 经济研究，2015（6）：74-88.

[140] 沈金才，刘尧文. 涪陵焦石坝区块页岩气井产量递减典型曲线应用研究[J]. 石油钻探技术，2016，44（4）：88-95.

[141] 沈满洪，何灵巧. 外部性的分类及外部性理论的演化[J]. 浙江大学学报（人文社会科学版），2002，32（1）：152-160.

[142] 宋荣华. 环境经济损益分析的方法和运用[J]. 环境与发展，2007，19（2）：55-59.

[143] 田磊，刘小丽，杨光，等. 美国页岩气开发环境风险控制措施及其启示[J]. 天然气工业，2013，33（5）：115-119.

[144] 田黔宁，王淑玲，张炜，等. 基于文献库资源看中国页岩气产业的发展历程和趋势[J]. 地质通报，2014（9）：1454-1462.

[145] 田园，程宝栋，秦光远. 畜牧业在我国经济发展中的地位及影响分析——基于 2002 年、2007 年、2012 年全国投入产出表[J]. 中国物价，2017（11）.

[146] 王志刚. 应用学习曲线实现非常规油气规模有效开发[J]. 天然气工业，2014，34（6）：1-8.

[147] 王玲，熊永生. 水平井压裂技术下的页岩气开发环境影响研究[J]. 生态经济，2013（12）.

[148] 王博为，王永前，杨世琦. 基于 FY-3A/VIRR 卫星数据的干旱监测研究——以 2011 年重庆地区为例[J]. 成都信息工程学院学报，2016，31（6）：637-644.

[149] 王楠. 页岩气开发环境问题研究[J]. 当代经济，2013（1）：62-65.

[150] 王蕾，王振霞. 页岩气革命对美国经济的影响及中国应对措施[J]. 中国能源，2015（5）：22-25.

[151] 王建良，冯连勇. 页岩气开发水资源影响及温室气体排放研究评述[J]. 中国矿业，2016，25（4）：61-66.

[152] 王亚运，柯研，周晓珉，等. 页岩气勘探开发过程中的环境影响[J]. 油气田环境保护，2012，22（3）：50-53.

[153] 王涛. 国际资金流量表的编制与模型应用研究[D]. 太原：山西财经大学，2015.

[154] 汪民，等. 页岩气知识读本[M]. 北京：科学出版社，2013.

[155] 吴艳婷，钟敏，游声刚，等. 页岩气投资项目经济评价方法[J]. 开发研究，2015，181（6）：68-71.

[156] 肖钢，白玉湖. 基于环境保护角度的页岩气开发黄金准则[J]. 天然气工业，2012，32（9）：

98-101.

[157] 许健，肖丽. RAS 法真实误差的实证研究[J]. 数学的实践与认识，2008，38（15）：102-108.

[158] 徐博，冯连勇，敖晓文. 页岩气开发经济性及其影响因素——以宾夕法尼亚州为例[M]// Proceedings of the 7th Conference on Engineering and Business Management（EBM 2016）.Scientific Research Publishing，2016：9.

[159] 徐博，冯连勇，王建良，等. 美国页岩气开发甲烷排放控制措施及对我国的启示[J]. 生态经济（中文版），2016，32（2）：106-110.

[160] 徐畅，王建平，王红武. 浅析宜宾市在页岩气开发过程中如何做好生态环境保护工作[J]. 四川环境，2017，36（1）：41-46.

[161] 熊德明，张思兰，冯斌，等. 涪陵页岩气勘探开发环保现状分析[J]. 西安石油大学学报（自然科学版），2016，31（6）：48-53.

[162] 夏明，张红霞. 投入产出分析[M]. 北京：中国人民大学出版社，2013.

[163] 于洋. 省直管县、市管县与县域经济增长——基于合成控制法的研究[D]. 杭州：浙江大学，2014.

[164] 于立宏，等. 中国页岩气发展战略与政策体系研究[M]. 上海：华东理工大学出版社，2017.

[165] 闫力源，卢培利，张虹，等. 重庆页岩气潜在开发区环境特征及保护建议[J]. 环境影响评价，2015，37（6）：74-78.

[166] 余晨，唐旭，张宝生. 页岩气开发利用过程中甲烷排放的研究[J]. 资源与产业，2014，16（6）：78-84.

[167] 余国合，吴巧生. 中国页岩气开发利用环境效益评估[J]. 中国矿业，2015（7）：2.

[168] 叶芳，王燕. 双重差分模型介绍及其应用[J]. 中国卫生统计，2013（1）：131-134.

[169] 杨德敏，袁建梅，夏宏，等. 页岩气开发过程中存在的环境问题及对策[J]. 油气田环境保护，2013，23（2）：20-22.

[170] 杨帆. 矿区外排土场生态修复及其环境价值评价[D]. 赣州：江西理工大学，2009.

[171] 鄢慧丽. 基于投入产出视角的中国旅游业经济效应研究[D]. 武汉：华中师范大学，2012.

[172] 元志贤，王连法. 论主客体关系及其价值实现[J]. 东岳论丛，1995（3）：57-61.

[173] 姚丽. 江苏省房地产业的投入产出分析[D]. 南京：南京财经大学，2012.

[174] 张金川，姜生玲，唐玄，等. 我国页岩气富集类型及资源特点[J]. 天然气工业，2009，29（12）：109-114.

[175] 张徽，周蔚，张杨，等. 我国页岩气勘查开发中的环境影响问题研究[J]. 环境保护科学，2013，39（4）：133-135.

[176] 张东晓，杨婷云. 美国页岩气水力压裂开发对环境的影响[J]. 石油勘探与开发，2015，42（6）：801-807.

[177] 张翼飞，金慧慧. 环境公共物品支付意愿的影响因素分析——基于上海城市内河水质改善价值评估的实证分析[C]//中国地理学会 2006 年学术年会论文摘要集. 2006.

[178] 张波. 外部性理论综述[J]. 青年科学：教师版，2014，35（8）.

[179] 赵丽娟. 柳林县薛家坪提黄灌溉工程经济评价分析研究[D]. 太原：太原理工大学，2013.

[180] 朱瑜，谢少垒，李少荣. 试析重庆市页岩气开发对地方经济发展的影响[J]. 中国化工贸易，2015（36）.

[181] 朱彤，曹艳，张快. 美国典型页岩气藏类型及勘探开发启示[J]. 石油实验地质，2014（6）：718-724.

[182] 曾义金. 页岩气开发的地质与工程一体化技术[J]. 石油钻探技术，2014（1）：1-6.

[183] 邹才能，董大忠，王社教，等. 中国页岩气形成机理、地质特征及资源潜力[J]. 石油勘探与开发，2010，37（6）：641-653.

附录 1　包含页岩气产业的 2015 年重庆投入产出表

单位：万元

	投入＼产出	代码	中间使用								
			农林牧渔产品和服务	煤炭采选产品	天然气开采产品	页岩气开采产品	金属矿采选产品	非金属矿和其他矿采选产品	食品和烟草	纺织品	纺织服装鞋帽皮革羽绒及其制品
	代码	—	01	02	03	04	05	06	07	08	09
中间投入	农林牧渔产品和服务	01	2 247 825	1 187	67	10	11	2 227	4 498 966	647 765	4 508
	煤炭采选产品	02	148	2 654 035	0	0	0	40 184	80 268	27 912	7 686
	天然气开采产品	03	0	0	3 473	0	2 140	19 890	30 118	821	2 476
	页岩气开采产品	04	0	0	0	1 128	1 879	12 365	10 051	407	852
	金属矿采选产品	05	0	0	0	0	113 703	743	59	11	0
	非金属矿和其他矿采选产品	06	27	1 170	0	0	1 225	298 341	428	16	5
	食品和烟草	07	1 624 544	1 546	379	537	388	572	5 875 869	3 974	11 137
	纺织品	08	7 165	691	1	0	344	62	9 657	491 607	940 881
	纺织服装鞋帽皮革羽绒及其制品	09	11 405	23 665	666	552	3 190	1 127	18 874	27 149	1 015 298
	木材加工品和家具	10	630	12 635	6	3	2 198	488	7 317	6 959	1 498
	造纸印刷和文教体育用品	11	548	5 944	886	515	952	3 339	305 720	8 754	37 326

投入 \ 产出		代码	中间使用								
			农林牧渔产品和服务	煤炭采选产品	天然气开采产品	页岩气开采产品	金属矿采选产品	非金属矿和其他矿采选产品	食品和烟草	纺织品	纺织服装鞋帽皮革羽绒及其制品
代码		—	01	02	03	04	05	06	07	08	09
中间投入	石油、炼焦产品和核燃料加工	12	40 954	26 625	4 010	206	80 808	182 255	14 711	1 806	7 183
	化学产品	13	389 454	57 497	7 322	4 061	16 310	178 632	527 404	403 700	482 156
	非金属矿物制品	14	809	2 443	0	0	1 516	97 311	58 208	646	445
	金属冶炼和压延加工	15	67	29 237	6 947	2 485	2 250	3 036	10 000	771	642
	金属制品	16	6 488	61 548	0	0	18 103	5 163	73 864	1 872	6 064
	通用设备	17	362	54 376	3 725	2 342	9 936	14 893	22 744	4 464	2 387
	专用设备	18	95 707	122 936	6 226	8 577	20 376	119 228	23 880	14 307	6 884
	交通运输设备	19	18 880	601	6	21	207	457	2 723	343	526
	电气机械和器材	20	906	23 516	3	5	4 856	2 677	12 790	5 909	652
	通信设备、计算机和其他电子设备	21	155	2 207	76	89	12	5 158	1 811	554	734
	仪器仪表	22	671	6 922	3 113	5 815	66	3 846	4 785	51	336
	其他制造产品	23	1 243	41	0	0	1	775	2 558	707	1 456
	废品废料	24	0	0	0	0	0	17 023	2	0	0
	金属制品、机械和设备修理服务	25	0	23 741	2 549	82	7 482	16 641	40 876	13 084	52 873
	电力、热力的生产和供应	26	75 675	262 333	10 191	1 910	112 054	206 450	351 991	154 211	36 905
	燃气生产和供应	27	17	0	0	0	0	0	0	0	0
	水的生产和供应	28	58	19 533	1 319	113	96	5 145	25 580	3 925	6 376
	建筑	29	1 995	7 520	291	501	866	4 219	16 410	1 924	6 203
	批发和零售	30	493 552	40 494	341	509	2 482	9 856	1 585 437	458 076	270 353
	交通运输、仓储和邮政	31	178 187	670 792	3 489	3 548	47 527	146 593	659 434	59 335	77 341

投入 \ 产出		代码	中间使用								
			农林牧渔产品和服务	煤炭采选产品	天然气开采产品	页岩气开采产品	金属矿采选产品	非金属矿和其他矿采选产品	食品和烟草	纺织品	纺织服装鞋帽皮革羽绒及其制品
代码		—	01	02	03	04	05	06	07	08	09
中间投入	住宿和餐饮	32	6 765	27 599	2 870	3 781	4 091	11 220	102 372	13 826	29 548
	信息传输、软件和信息技术服务	33	11 200	48 917	2 380	5 158	6 105	81 170	70 842	26 081	44 161
	金融	34	413 336	94 475	773	1 486	6 584	41 735	451 023	115 757	69 974
	房地产	35	23	2 582	0	0	421	41	23 716	2 638	32 372
	租赁和商务服务	36	2 021	20 096	769	756	6 198	23 118	278 507	9 879	67 581
	科学研究和技术服务	37	50 947	20 325	2 256	5 726	228	8 222	12 020	903	1 083
	水利、环境和公共设施管理	38	3 323	647	119	257	239	227	1 972	722	540
	居民服务、修理和其他服务	39	8 263	14 060	116	160	505	5 557	89 220	1 035	7 853
	教育	40	280	5 656	675	344	338	1 992	4 812	586	3 124
	卫生和社会工作	41	789	0	0	0	0	0	0	0	0
	文化、体育和娱乐	42	170	5 074	611	1 419	1 289	1 586	10 984	3 168	3 088
	公共管理、社会保障和社会组织	43	245	103	20	20	121	622	1 261	310	936
	中间投入合计	TII	5 694 831	4 352 772	65 675	52 115	477 099	1 574 191	15 319 262	2 515 966	3 241 440
增加值	劳动者报酬	VA001	11 290 475	2 532 438	15 825	4 134	110 341	71 481	1 012 269	237 630	551 116
	生产税净额	VA002	47 865	808 884	3 284	858	100 276	63 565	1 870 734	98 275	177 602
	固定资产折旧	VA003	348 359	355 916	1 634	427	15 946	63 531	408 486	47 692	131 001
	营业盈余	VA004	0	706 695	24 870	6 497	84 584	167 940	2 265 577	387 133	458 470
	增加值合计	TVA	11 686 700	4 403 932	45 613	11 915	311 147	366 518	5 557 066	770 729	1 318 188
总投入		TI	17 381 531	8 756 704	111 288	64 030	788 246	1 940 708	20 876 328	3 286 695	4 559 628

投入 \ 产出		代码	中间使用								
			木材加工品和家具	造纸印刷和文教体育用品	石油、炼焦产品和核燃料加工	化学产品	非金属矿物制品	金属冶炼和压延加工	金属制品	通用设备	专用设备
代码		—	10	11	12	13	14	15	16	17	18
中间投入	农林牧渔产品和服务	01	223 778	99 455	82	760 357	13 215	799	147	665	180
	煤炭采选产品	02	2 362	2 967	158 402	448 050	714 690	854 659	1 569	1 426	789
	天然气开采产品	03	117	13 791	229 741	617 531	123 875	57 619	26 746	6 341	1 470
	页岩气开采产品	04	53	5 172	121 658	281 961	74 722	40 493	14 929	2 280	420
	金属矿采选产品	05	0	169	0	35 544	24 299	1 893 511	5 517	3 289	48
	非金属矿和其他矿采选产品	06	631	24	0	123 852	1 810 407	76 375	419	370	480
	食品和烟草	07	3 448	33 974	300	477 824	8 190	38 884	1 258	2 362	3 438
	纺织品	08	50 095	25 457	1 723	56 987	7 203	8 430	612	6 020	2 997
	纺织服装鞋帽皮革羽绒及其制品	09	43 924	12 288	1 269	25 317	27 595	12 752	11 965	5 235	10 424
	木材加工品和家具	10	361 772	165 969	6 998	10 946	80 707	15 697	82 087	20 268	23 457
	造纸印刷和文教体育用品	11	32 624	2 149 165	2 013	350 819	205 922	220 332	10 958	32 872	48 543
	石油、炼焦产品和核燃料加工	12	3 323	13 023	76 617	446 976	375 432	636 098	23 537	30 197	19 874
	化学产品	13	119 521	717 740	64 651	9 500 738	924 734	430 719	80 217	105 742	134 485
	非金属矿物制品	14	34 428	5 914	4 310	79 147	2 266 338	171 775	1 479	6 535	6 017
	金属冶炼和压延加工	15	78 749	35 359	4 222	190 530	132 836	8 951 580	3 192 415	1 892 959	916 620
	金属制品	16	110 101	42 954	8 873	179 527	81 627	74 123	465 736	298 307	418 691
	通用设备	17	7 232	11 581	27 514	204 456	152 118	560 131	76 898	1 700 939	765 606
	专用设备	18	1 331	11 437	2 545	71 741	31 841	7 721	291 166	117 337	372 140
	交通运输设备	19	9 843	5 526	655	13 289	87 965	10 223	44 476	345 837	147 608
	电气机械和器材	20	3 002	2 402	750	20 463	16 395	13 891	14 489	440 572	237 805
	通信设备、计算机和其他电子设备	21	1 631	18 420	225	32 368	8 278	35 365	6 656	188 208	110 554
	仪器仪表	22	25 872	1 460	122	42 370	11 455	1 887	1 441	158 213	40 173
	其他制造产品	23	100	318	266	11 759	1 651	1 321	1 781	9 960	51 431
	废品废料	24	0	37 853	0	123 551	107 671	1 473 172	0	83 157	678
	金属制品、机械和设备修理服务	25	7 477	31 662	1 373	165 878	216 900	107 844	34 060	214 776	21 472

	投入 \ 产出	代码	中间使用								
			木材加工品和家具	造纸印刷和文教体育用品	石油、炼焦产品和核燃料加工	化学产品	非金属矿物制品	金属冶炼和压延加工	金属制品	通用设备	专用设备
	代码	—	10	11	12	13	14	15	16	17	18
中间投入	电力、热力的生产和供应	26	64 003	78 340	67 803	1 272 304	1 111 897	2 228 936	247 522	123 731	64 586
	燃气生产和供应	27	0	0	0	321	0	0	0	55	63
	水的生产和供应	28	1 462	4 486	2 720	40 044	40 481	88 826	5 191	4 619	2 329
	建筑	29	2 251	7 394	389	52 756	21 275	13 177	3 059	7 314	1 630
	批发和零售	30	85 282	541 275	22 085	811 213	281 020	273 905	117 013	307 429	157 266
	交通运输、仓储和邮政	31	68 176	90 717	130 699	835 080	798 680	1 032 650	158 143	282 651	141 987
	住宿和餐饮	32	24 900	17 290	4 914	229 891	137 702	202 387	32 337	58 847	85 429
	信息传输、软件和信息技术服务	33	13 355	20 972	18 808	227 819	54 676	308 598	5 905	51 436	130 951
	金融	34	50 007	209 886	15 389	839 913	699 963	1 371 713	113 373	195 265	105 906
	房地产	35	51 096	36 932	4 491	67 666	16 081	31 254	725	5 977	5 454
	租赁和商务服务	36	12 177	39 767	14 884	362 419	124 199	221 617	54 351	70 891	47 398
	科学研究和技术服务	37	961	3 434	403	61 007	9 204	8 672	371	69 994	21 158
	水利、环境和公共设施管理	38	491	295	92	5 061	2 904	18 859	713	1 192	1 588
	居民服务、修理和其他服务	39	2 760	8 818	4 246	166 455	72 209	52 418	13 202	51 262	18 125
	教育	40	3 661	643	446	10 508	4 867	1 543	8 439	5 388	2 822
	卫生和社会工作	41	0	0	0	0	0	0	0	0	0
	文化、体育和娱乐	42	4 048	1 985	502	35 824	17 466	168 194	4 135	6 899	9 544
	公共管理、社会保障和社会组织	43	501	793	492	4 943	1 868	3 112	584	1 100	3 594
	中间投入合计	TII	1 506 546	4 507 105	1 002 670	19 295 201	10 900 559	21 721 260	5 155 624	6 917 916	4 135 228
增加值	劳动者报酬	VA001	126 852	433 667	95 659	2 122 514	1 184 895	868 585	689 387	917 965	532 832
	生产税净额	VA002	53 369	160 853	40 220	962 113	629 076	493 498	170 122	419 988	202 677
	固定资产折旧	VA003	33 310	167 742	43 507	1 116 725	579 465	438 317	129 151	190 427	124 569
	营业盈余	VA004	146 154	649 248	110 307	2 061 472	1 669 917	930 899	461 020	762 679	289 326
	增加值合计	TVA	359 685	1 411 510	289 694	6 262 824	4 063 353	2 731 299	1 449 681	2 291 059	1 149 403
总投入		TI	1 866 230	5 918 615	1 292 364	25 558 025	14 963 912	24 452 559	6 605 305	9 208 974	5 284 632

投入＼产出		代码	中间使用								
			交通运输设备	电气机械和器材	通信设备、计算机和其他电子设备	仪器仪表	其他制造产品	废品废料	金属制品、机械和设备修理服务	电力、热力的生产和供应	燃气生产和供应
代码		—	19	20	21	22	23	24	25	26	27
中间投入	农林牧渔产品和服务	01	756	165	17	49	10 031	9	2	16	1
	煤炭采选产品	02	44 230	0	26 346	4	36 837	7 955	0	1 936 664	20 058
	天然气开采产品	03	41 269	10 083	3 321	426	1 202	0	193	29 581	483 755
	页岩气开采产品	04	37 030	2 571	190	34	355	0	106	17 210	220 775
	金属矿采选产品	05	279	95 182	497	139	16	6 356	0	0	0
	非金属矿和其他矿采选产品	06	6 651	14 885	0	0	6	0	0	22 198	0
	食品和烟草	07	5 908	2 946	2 900	906	533	10 337	68	2 328	154
	纺织品	08	7 528	631	263	132	3 199	0	1	1 169	5
	纺织服装鞋帽皮革羽绒及其制品	09	14 147	5 214	2 990	1 128	465	116	387	5 431	1 638
	木材加工品和家具	10	76 245	12 498	1 969	2 557	113	0	2	52	12
	造纸印刷和文教体育用品	11	161 516	107 784	53 121	16 371	2 693	122	621	7 624	1 304
	石油、炼焦产品和核燃料加工	12	109 397	24 983	2 595	2 745	1 518	5 276	684	26 192	5 641
	化学产品	13	1 081 817	1 060 509	426 560	187 095	76 902	91 389	165	4 623	773
	非金属矿物制品	14	30 041	76 994	42 725	74 397	49	11 358	112	9 829	29
	金属冶炼和压延加工	15	7 076 125	2 694 542	266 982	145 698	108 636	72 767	25 711	3 335	1 830
	金属制品	16	476 539	791 641	144 299	50 946	222 560	6 957	410	966	233
	通用设备	17	2 615 742	1 207 998	46 536	75 559	428 424	1 453	406	11 086	2 627
	专用设备	18	75 555	35 726	8 241	39 377	164	0	0	1 362	1 082
	交通运输设备	19	37 664 388	26 152	59 199	29 146	92	7	48	118 117	11 230
	电气机械和器材	20	375 432	3 611 018	241 261	36 293	55 910	12 141	411	195 723	117
	通信设备、计算机和其他电子设备	21	122 752	1 453 194	21 600 470	159 192	1 637	1	15	26 843	429
	仪器仪表	22	72 060	86 105	99 177	715 815	736	0	0	109 856	543
	其他制造产品	23	28 289	4 702	10 972	2 952	134 388	0	0	25	0
	废品废料	24	11 577	14 415	0	102	7	44 530	0	0	0
	金属制品、机械和设备修理服务	25	305 007	137 368	15 726	7 437	40 155	3 214	2 925	643 289	19 729

投入＼产出		代码	中间使用								
			交通运输设备	电气机械和器材	通信设备、计算机和其他电子设备	仪器仪表	其他制造产品	废品废料	金属制品、机械和设备修理服务	电力、热力的生产和供应	燃气生产和供应
代码		—	19	20	21	22	23	24	25	26	27
中间投入	电力、热力的生产和供应	26	390 575	153 837	63 021	24 106	18 998	18 732	2 171	3 469 341	74 575
	燃气生产和供应	27	1 831	0	0	0	0	0	0	0	308 074
	水的生产和供应	28	20 377	14 245	4 322	832	1 095	149	1	15 644	211
	建筑	29	21 865	4 475	22 193	2 682	8 007	956	0	45 920	3 866
	批发和零售	30	2 547 625	434 533	1 692 382	124 147	65 796	37 442	330	17 761	856
	交通运输、仓储和邮政	31	1 403 596	274 661	139 244	62 495	31 951	61 000	3 653	83 676	64 921
	住宿和餐饮	32	194 297	86 410	52 635	35 491	9 287	9 714	1 978	21 170	7 512
	信息传输、软件和信息技术服务	33	229 785	92 063	146 589	39 914	736	2 394	499	8 839	4 342
	金融	34	760 364	209 616	483 947	67 154	109 616	56 790	2 408	697 069	47 787
	房地产	35	203 340	5 930	21 000	22 371	0	767	0	30 422	1 030
	租赁和商务服务	36	577 103	237 414	75 200	17 292	23 627	616	619	73 490	5 225
	科学研究和技术服务	37	544 781	16 746	66 055	11 276	135	651	961	1 034	92
	水利、环境和公共设施管理	38	2 261	1 835	1 658	353	228	25	45	252	83
	居民服务、修理和其他服务	39	231 989	36 230	48 743	7 494	5 369	10 744	81	42 896	3 165
	教育	40	6 737	2 329	3 662	1 364	678	11	117	610	299
	卫生和社会工作	41	0	0	0	0	0	0	0	0	0
	文化、体育和娱乐	42	14 363	10 041	9 088	2 083	1 259	131	316	6 531	945
	公共管理、社会保障和社会组织	43	52 253	1 401	3 802	472	639	12	23	182	150
	中间投入合计	TII	57 643 421	13 059 072	25 889 898	1 968 026	1 404 052	474 122	45 467	7 688 354	1 295 099
增加值	劳动者报酬	VA001	5 165 022	537 283	738 018	329 859	284 182	10 443	13 653	1 248 138	114 913
	生产税净额	VA002	3 064 404	235 313	367 917	97 574	−1 280	3 753	3 745	582 236	48 898
	固定资产折旧	VA003	1 724 055	128 299	122 385	64 512	48 366	1 260	768	1 515 807	23 597
	营业盈余	VA004	2 884 606	1 023 235	1 224 266	224 647	35 403	14 128	5 023	412 797	163 019
	增加值合计	TVA	12 838 087	1 924 130	2 452 586	716 591	366 672	29 583	23 188	3 758 978	350 427
总投入		TI	70 481 508	14 983 202	28 342 484	2 684 618	1 770 724	503 705	68 655	11 447 332	1 645 525

投入 \ 产出		代码	中间使用								
			水的生产和供应	建筑	批发和零售	交通运输、仓储和邮政	住宿和餐饮	信息传输、软件和信息技术服务	金融	房地产	租赁和商务服务
代码		—	28	29	30	31	32	33	34	35	36
中间投入	农林牧渔产品和服务	01	0	52 177	3 318	11 311	621 463	1 493	6 082	8 046	43
	煤炭采选产品	02	0	92 026	51	2 398	0	0	0	0	0
	天然气开采产品	03	0	0	0	0	1	0	0	0	0
	页岩气开采产品	04	0	0	0	0	0	0	0	0	0
	金属矿采选产品	05	0	0	0	0	35	0	0	0	0
	非金属矿和其他矿采选产品	06	0	738 824	126	58	28	0	0	0	0
	食品和烟草	07	22	6 426	32 063	22 115	1 572 660	5 660	35 571	2 024	1 482
	纺织品	08	10	4 139	5 680	3 552	33 045	412	1 199	10 962	6
	纺织服装鞋帽皮革羽绒及其制品	09	257	115 668	7 568	14 356	7 833	8 630	69 805	6 898	316 439
	木材加工品和家具	10	60	594 195	4 972	7 700	3 359	1 876	7 124	2 025	44
	造纸印刷和文教体育用品	11	349	84 234	36 453	55 994	25 584	40 383	736 982	48 325	65 715
	石油、炼焦产品和核燃料加工	12	140	910 336	57 440	1 178 687	1 688	13 967	40 325	15 335	17 828
	化学产品	13	6 412	2 551 389	21 155	420 065	46 125	6 576	9 334	35 201	161 042
	非金属矿物制品	14	2	16 055 800	266	17 776	1 470	1 978	5	0	2
	金属冶炼和压延加工	15	107	13 094 301	244	7 962	188	0	0	0	0
	金属制品	16	108	3 219 081	1 512	8 430	4 344	4 167	1 404	8 561	45
	通用设备	17	65	312 694	6 937	274 782	21 970	12 637	50 649	10 617	663
	专用设备	18	34	421 444	324	9 274	1 227	363	109 189	199	5
	交通运输设备	19	1 463	32 001	172 780	1 821 444	12 665	3 157	16 528	3 961	2 928
	电气机械和器材	20	82	1 337 657	19 596	16 914	2 289	462 100	1 162	58 415	8 764
	通信设备、计算机和其他电子设备	21	68	69 889	23 463	15 793	5 699	519 823	100 249	16 054	5 221
	仪器仪表	22	60	38 495	48 261	2 380	31	1 887	0	5 767	13
	其他制造产品	23	2	4 671	41	1 384	106 162	1 287	1 390	3 552	7 272
	废品废料	24	209	0	0	0	0	0	0	0	0
	金属制品、机械和设备修理服务	25	7 370	25 910	4 461	48 355	1 564	105 443	569	12 902	12 708

投入 \ 产出		代码	中间使用								
			水的生产和供应	建筑	批发和零售	交通运输、仓储和邮政	住宿和餐饮	信息传输、软件和信息技术服务	金融	房地产	租赁和商务服务
代码		—	28	29	30	31	32	33	34	35	36
中间投入	电力、热力的生产和供应	26	23 101	2 485 099	172 596	201 651	127 899	84 916	82 067	112 461	129 360
	燃气生产和供应	27	0	0	251	419 696	92 845	716	0	17 933	0
	水的生产和供应	28	5 172	219 945	23 752	6 950	24 506	927	28 807	12 047	11 275
	建筑	29	402	1 326 188	54 107	39 139	6 038	21 698	64 665	43 780	10 146
	批发和零售	30	345	403 752	499 253	311 810	204 333	33 232	135 877	20 033	99 027
	交通运输、仓储和邮政	31	833	3 834 364	406 055	1 902 432	70 095	65 697	296 751	38 725	481 569
	住宿和餐饮	32	657	217 051	246 473	283 121	18 050	89 773	669 081	69 510	78 421
	信息传输、软件和信息技术服务	33	860	57 329	87 052	40 369	14 695	599 217	782 850	36 995	15 246
	金融	34	33 195	1 832 702	1 195 232	980 679	122 025	219 333	873 488	335 109	2 848 485
	房地产	35	0	6 775	1 009 479	91 574	153 807	212 281	1 811 724	17 628	77 025
	租赁和商务服务	36	579	2 077 650	513 730	200 987	154 466	204 203	1 211 042	226 982	323 859
	科学研究和技术服务	37	11	559 311	11 907	16 775	66 728	7 764	124	217	87
	水利、环境和公共设施管理	38	3 069	3 373	5 007	1 376	464	3 512	21 127	680	741
	居民服务、修理和其他服务	39	2 456	30 470	82 086	213 381	83 071	28 094	89 288	30 937	11 456
	教育	40	218	8 187	45 619	13 443	4 106	8 661	109 413	3 727	2 871
	卫生和社会工作	41	0	0	325	97	474	11	0	0	0
	文化、体育和娱乐	42	84	46 903	34 247	9 336	8 745	27 652	158 115	19 019	7 812
	公共管理、社会保障和社会组织	43	63	14 108	1 693	2 852	465	3 701	7 162	2 814	2 333
	中间投入合计	TII	87 863	52 884 562	4 835 579	8 676 400	3 622 245	2 803 226	7 529 151	1 237 440	4 699 930
增加值	劳动者报酬	VA001	146 406	8 547 325	4 357 312	3 613 219	2 262 615	638 323	4 189 506	2 398 970	945 389
	生产税净额	VA002	38 106	2 163 525	3 693 191	776 261	191 041	330 610	2 360 885	2 480 530	638 242
	固定资产折旧	VA003	59 858	667 305	672 243	1 299 411	250 307	1 205 812	412 492	2 678 088	664 263
	营业盈余	VA004	76 972	3 764 844	5 625 488	2 696 322	363 995	1 257 537	8 396 962	3 068 578	1 121 473
	增加值合计	TVA	321 342	15 143 000	14 348 235	8 385 213	3 067 958	3 432 281	15 359 846	10 626 166	3 369 367
总投入		TI	409 205	68 027 562	19 183 814	17 061 613	6 690 203	6 235 507	22 888 997	11 863 606	8 069 297

投入 \ 产出		代码	中间使用							
			科学研究和技术服务	水利、环境和公共设施管理	居民服务、修理和其他服务	教育	卫生和社会工作	文化、体育和娱乐	公共管理、社会保障和社会组织	中间使用合计
代码		—	37	38	39	40	41	42	43	TIU
中间投入	农林牧渔产品和服务	01	44	15 664	43 223	60	494	105	0	9 275 768
	煤炭采选产品	02	0	0	0	1 385	3 754	0	0	7 166 836
	天然气开采产品	03	0	0	0	111	281	0	0	1 709 844
	页岩气开采产品	04	0	0	0	12	52	0	0	843 223
	金属矿采选产品	05	0	0	0	0	0	0	0	2 179 393
	非金属矿和其他矿采选产品	06	0	0	57	0	11	0	0	3 096 607
	食品和烟草	07	7 117	266	741	2 694	922	4 952	5 776	9 815 141
	纺织品	08	235	130	1 175	17	35	51	12	1 683 517
	纺织服装鞋帽皮革羽绒及其制品	09	6 918	2 677	11 956	752	40 403	34 961	0	1 929 324
	木材加工品和家具	10	5 455	350	1 522	1 604	72	14 760	15	1 538 215
	造纸印刷和文教体育用品	11	155 002	12 248	20 585	125 173	24 412	211 489	386 579	5 797 885
	石油、炼焦产品和核燃料加工	12	65 872	5 241	6 611	9 907	23 433	5 786	30 777	4 546 031
	化学产品	13	14 290	36 414	40 866	37 733	925 305	9 374	2 938	21 399 097
	非金属矿物制品	14	175	20	3 372	219	42	4	0	19 063 945
	金属冶炼和压延加工	15	182	20	419	0	35	2	0	38 949 738
	金属制品	16	245 177	3 814	566	312	239	1 659	0	7 047 006
	通用设备	17	6 307	1 510	2 606	318	126	2 107	601	8 716 121
	专用设备	18	2 619	28	575	1 183	432 045	66	0	2 465 455
	交通运输设备	19	15 941	19 735	793	0	4 418	988	4	40 706 327
	电气机械和器材	20	127 744	2 140	2 432	2 165	57 826	5 436	0	7 434 121
	通信设备、计算机和其他电子设备	21	183 515	618	4 857	2 586	2 907	4 815	3 085	24 736 145
	仪器仪表	22	239 166	11 167	91 829	5 023	0	0	0	1 836 973
	其他制造产品	23	60 452	6 796	186 216	105	1 005	2 327	0	649 356
	废品废料	24	0	0	0	0	0	0	0	1 913 944
	金属制品、机械和设备修理服务	25	48	297	4 071	5 661	11 938	8 728	22 380	2 406 024

投入 \ 产出		代码	中间使用							
			科学研究和技术服务	水利、环境和公共设施管理	居民服务、修理和其他服务	教育	卫生和社会工作	文化、体育和娱乐	公共管理、社会保障和社会组织	中间使用合计
代码		—	37	38	39	40	41	42	43	TIU
中间投入	电力、热力的生产和供应	26	14 203	11 015	24 816	71 487	30 348	16 331	14 080	14 287 595
	燃气生产和供应	27	133	1 069	28 554	9 326	150	457	0	881 488
	水的生产和供应	28	2 607	1 805	5 414	14 240	7 556	1 135	3 232	678 547
	建筑	29	9 237	531	35 564	95 873	17 524	3 010	121 439	2 108 474
	批发和零售	30	57 041	12 759	40 962	14 190	399 497	61 801	13 946	12 686 329
	交通运输、仓储和邮政	31	217 691	15 834	56 372	71 502	35 201	36 908	122 251	15 162 477
	住宿和餐饮	32	128 269	4 999	14 993	78 263	75 069	37 534	631 319	4 056 842
	信息传输、软件和信息技术服务	33	11 282	1 132	5 820	25 688	41 107	5 400	34 890	3 413 628
	金融	34	191 656	79 337	42 893	160 395	15 346	68 095	15 345	16 244 601
	房地产	35	36 304	3 918	106 991	53 896	39 670	43 796	151 012	4 382 203
	租赁和商务服务	36	160 637	19 777	383 198	20 799	259 937	79 984	127 064	8 332 095
	科学研究和技术服务	37	592 934	4	244	221	599	18	689	2 176 278
	水利、环境和公共设施管理	38	1 719	121	280	1 550	508	1 353	2 123	92 982
	居民服务、修理和其他服务	39	16 620	5 113	43 485	112 306	21 500	10 719	466 056	2 150 009
	教育	40	12 389	307	1 186	27 973	11 944	2 474	190 666	515 110
	卫生和社会工作	41	0	0	0	0	8 206	9	0	9 911
	文化、体育和娱乐	42	18 991	908	2 190	10 760	3 683	71 700	23 120	764 004
	公共管理、社会保障和社会组织	43	1 941	123	472	1 445	10 533	388	48 483	178 133
	中间投入合计	TII	2 609 913	277 888	1 217 911	966 933	2 508 131	748 723	2 417 881	315 026 745
增加值	劳动者报酬	VA001	718 751	285 610	1 322 272	3 167 902	2 119 007	485 289	4 193 496	12 292 326
	生产税净额	VA002	94 581	34 037	104 787	22 960	20 559	49 223	7 200	333 346
	固定资产折旧	VA003	110 396	197 652	106 445	414 121	246 044	66 897	311 113	1 452 669
	营业盈余	VA004	559 655	159 571	208 248	310 889	581 066	374 125	116 542	2 310 095
	增加值合计	TVA	1 483 384	676 870	1 741 752	3 915 872	2 966 675	975 533	4 628 351	16 388 436
总投入		TI	4 093 297	954 758	2 959 662	4 882 804	5 474 806	1 724 256	7 046 232	331 415 181

投入 \ 产出		代码	最终使用							
			最终消费支出					资本形成总额		
			居民消费支出			政府消费支出	合计	固定资本形成总额	存货增加	合计
代码		—	FU101	FU102	THC	FU103	TC	FU201	FU202	GCF
中间投入	农林牧渔产品和服务	01	1 307 907	5 108 202	6 416 109	46 638	6 462 747	4 144	100 009	104 154
	煤炭采选产品	02	34 976	2 813	37 790	0	37 790	0	20 382	20 382
	天然气开采产品	03	0	0	0	0	0	0	453	453
	页岩气开采产品	04	0	0	0	0	0	0	0	0
	金属矿采选产品	05	0	0	0	0	0	0	–14 955	–14 955
	非金属矿和其他矿采选产品	06	0	0	0	0	0	0	45 235	45 235
	食品和烟草	07	1 941 873	5 320 140	7 262 013	0	7 262 013	0	192 128	192 128
	纺织品	08	233 792	1 826 975	2 060 767	0	2 060 767	0	21 246	21 246
	纺织服装鞋帽皮革羽绒及其制品	09	389 603	2 862 354	3 251 957	0	3 251 957	0	65 008	65 008
	木材加工品和家具	10	105 387	394 569	499 956	0	499 956	117 437	26 651	144 089
	造纸印刷和文教体育用品	11	158 601	661 383	819 985	0	819 985	0	296 302	296 302
	石油、炼焦产品和核燃料加工	12	178 902	423 496	602 398	0	602 398	0	281 585	281 585
	化学产品	13	227 146	1 813 022	2 040 168	0	2 040 168	0	340 157	340 157
	非金属矿物制品	14	199 804	387 714	587 518	0	587 518	0	815 671	815 671
	金属冶炼和压延加工	15	0	0	0	0	0	0	538 897	538 897
	金属制品	16	84 727	212 355	297 083	0	297 083	229 509	218 723	448 232
	通用设备	17	13 097	86 645	99 743	0	99 743	1 833 849	62 076	1 895 925
	专用设备	18	2 564	29 090	31 653	0	31 653	1 798 598	62 581	1 861 179
	交通运输设备	19	105 428	609 965	715 392	0	715 392	2 697 406	257 151	2 954 557
	电气机械和器材	20	314 702	1 482 577	1 797 279	0	1 797 279	1 740 167	–43 866	1 696 301
	通信设备、计算机和其他电子设备	21	237 419	897 992	1 135 411	0	1 135 411	299 225	247 184	546 409
	仪器仪表	22	1 645	45 034	46 678	0	46 678	117 556	87 791	205 346
	其他制造产品	23	21 069	144 205	165 275	0	165 275	0	15 840	15 840

投入＼产出		代码	最终使用							
			最终消费支出					资本形成总额		
			居民消费支出			政府消费支出	合计	固定资本形成总额	存货增加	合计
代码		—	FU101	FU102	THC	FU103	TC	FU201	FU202	GCF
中间投入	废品废料	24	0	0	0	0	0	0	–1 876	–1 876
	金属制品、机械和设备修理服务	25	0	0	0	0	0	0	0	0
	电力、热力的生产和供应	26	201 598	1 242 647	1 444 244	0	1 444 244	0	0	0
	燃气生产和供应	27	36 791	704 331	741 122	0	741 122	0	42 471	42 471
	水的生产和供应	28	14 499	498 249	512 748	0	512 748	0	90 734	90 734
	建筑	29	97 378	510 083	607 461	0	607 461	63 241 974	0	63 241 974
	批发和零售	30	655 706	2 858 482	3 514 188	0	3 514 188	338 351	174 654	513 005
	交通运输、仓储和邮政	31	261 881	1 399 739	1 661 620	276 167	1 937 787	138 566	52 451	191 017
	住宿和餐饮	32	520 228	3 473 381	3 993 609	0	3 993 609	0	0	0
	信息传输、软件和信息技术服务	33	192 178	1 504 965	1 697 144	0	1 697 144	997 901	0	997 901
	金融	34	250 530	2 382 271	2 632 800	5 524	2 638 324	0	0	0
	房地产	35	400 884	1 807 617	2 208 501	0	2 208 501	6 793 738	0	6 793 738
	租赁和商务服务	36	959	1 144 579	1 145 537	0	1 145 537	0	0	0
	科学研究和技术服务	37	17 662	8 704	26 367	322 454	348 820	36 895	0	36 895
	水利、环境和公共设施管理	38	69 843	387 330	457 174	751 336	1 208 510	0	0	0
	居民服务、修理和其他服务	39	178 051	788 968	967 019	0	967 019	0	0	0
	教育	40	638 993	1 360 445	1 999 438	4 840 760	6 840 198	0	0	0
	卫生和社会工作	41	766 085	3 062 196	3 828 280	1 730 667	5 558 948	0	0	0
	文化、体育和娱乐	42	86 085	543 389	629 474	371 784	1 001 258	0	0	0
	公共管理、社会保障和社会组织	43	0	720 094	720 094	10 032 670	10 752 764	0	0	0
	中间投入合计	TII	9 947 996	46 706 000	56 653 996	18 378 000	75 031 996	80 385 318	3 994 682	84 380 000

投入＼产出		代码	出口	国内省外流出	最终使用合计	进口	国内省外流入	其他	总产出
代码		—	EX	OF	TFU	IM	IF	ERR	GO
中间投入	农林牧渔产品和服务	01	2 493	2 909 453	18 754 615	36 297	1 980 167	–643 380	17 381 531
	煤炭采选产品	02	0	1 778 226	9 003 233	4 773	65 028	176 728	8 756 704
	天然气开采产品	03	40	8 038	1 718 375	0	1 601 989	5 098	111 288
	页岩气开采产品	04	0	40 500	883 723	0	819 692	0	64 030
	金属矿采选产品	05	224	514 399	2 679 060	105 211	1 797 846	–12 243	788 246
	非金属矿和其他矿采选产品	06	361	22 145	3 164 349	9 194	1 222 328	–7 881	1 940 708
	食品和烟草	07	3 745	7 077 949	24 350 975	5 172	3 724 662	–255 187	20 876 328
	纺织品	08	53 708	1 355 001	5 174 239	4 915	1 938 372	–55 743	3 286 694
	纺织服装鞋帽皮革羽绒及其制品	09	867	468 472	5 715 629	4 340	1 170 782	–19 122	4 559 628
	木材加工品和家具	10	483	406 892	2 589 634	886	706 992	15 526	1 866 230
	造纸印刷和文教体育用品	11	16 708	617 706	7 548 586	12 724	1 614 521	2 726	5 918 615
	石油、炼焦产品和核燃料加工	12	6	320 151	5 750 170	3 301	4 488 980	–34 475	1 292 364
	化学产品	13	78 854	8 960 934	32 819 210	201 439	7 670 249	–610 504	25 558 025
	非金属矿物制品	14	35 719	2 459 823	22 962 676	6 203	7 859 084	133 476	14 963 912
	金属冶炼和压延加工	15	14 931	8 231 934	47 735 500	26 828	23 238 860	17 253	24 452 559
	金属制品	16	65 769	717 803	8 575 894	23 400	1 884 790	62 399	6 605 305
	通用设备	17	79 717	1 422 795	12 214 301	49 042	3 174 300	–218 016	9 208 974
	专用设备	18	15 136	1 002 544	5 375 969	1 494	159 462	–69 619	5 284 632
	交通运输设备	19	98 434	30 090 629	74 565 339	198 685	3 730 166	154 980	70 481 508
	电气机械和器材	20	31 290	4 939 653	15 898 645	54 698	993 229	–132 484	14 983 202
	通信设备、计算机和其他电子设备	21	508 024	3 821 012	30 747 001	468 165	1 472 107	464 245	28 342 484
	仪器仪表	22	17 556	681 295	2 787 849	2 837	26 039	74 356	2 684 618
	其他制造产品	23	6 499	988 327	1 825 296	564	464	53 544	1 770 724

投入 \ 产出		代码	出口	国内省外流出	最终使用合计	进口	国内省外流入	其他	总产出
代码		—	EX	OF	TFU	IM	IF	ERR	GO
中间投入	废品废料	24	1 082	742 957	2 656 108	32 401	2 105 810	14 191	503 705
	金属制品、机械和设备修理服务	25	0	521 218	2 927 242	0	2 860 469	–1 882	68 655
	电力、热力的生产和供应	26	0	307 054	16 038 894	0	4 871 168	–279 607	11 447 332
	燃气生产和供应	27	0	449 137	2 114 217	0	423 156	45 536	1 645 525
	水的生产和供应	28	0	275 488	1 557 517	0	1 135 976	12 335	409 205
	建筑	29	15 454	6 422 127	72 395 491	20	5 242 398	–874 488	68 027 562
	批发和零售	30	87 987	2 462 969	19 264 478	0	46 751	33 914	19 183 813
	交通运输、仓储和邮政	31	18 836	2 700 523	20 010 641	1 884	2 590 109	357 035	17 061 612
	住宿和餐饮	32	0	215 524	8 265 975	0	1 397 706	178 067	6 690 202
	信息传输、软件和信息技术服务	33	790	1 322 659	7 432 123	652	1 069 067	126 897	6 235 507
	金融	34	37	5 140 184	24 023 147	226	480 679	653 244	22 888 997
	房地产	35	0	1 075 913	14 460 354	0	2 599 784	–3 035	11 863 606
	租赁和商务服务	36	31 130	2 637 609	12 146 371	69 018	3 806 628	201 429	8 069 297
	科学研究和技术服务	37	0	1 820 855	4 382 849	0	350 447	–60 894	4 093 297
	水利、环境和公共设施管理	38	0	75 592	1 377 084	0	395 251	27 076	954 758
	居民服务、修理和其他服务	39	0	623 275	3 740 303	0	708 944	71 697	2 959 662
	教育	40	75	12 006	7 367 389	4 599	2 548 684	–68 697	4 882 804
	卫生和社会工作	41	51	582 788	6 151 697	3 118	518 673	155 100	5 474 806
	文化、体育和娱乐	42	294	433 111	2 198 668	117	445 180	29 114	1 724 256
	公共管理、社会保障和社会组织	43	681	1 152 981	12 084 559	1 040	5 144 462	–107 175	7 046 232
	中间投入合计	TII	1 186 982	107 809 652	583 435 375	1 333 245	110 081 454	–388 465	472 409 145

附录 2　页岩气与国内多种来源天然气成本比较分析

当前我国国产天然气以常规天然气、页岩气、煤层气和煤制气为主，未来生物质燃气和可燃冰也将成为我国国内天然气供应的来源。预计生物质燃气和可燃冰将在 2030 年之后才能产业化，2030 年之前国产气仍将以上述四类气源为主要供应气源，下文仅对四类气源进行分析。在比较各来源天然气成本之前，本书首先分析了各来源天然气的供应能力。

（1）各来源天然气供应能力分析

1）常规气供应能力

2030 年之前我国常规天然气开采和新增资源较为明朗，产量主要以塔里木盆地、鄂尔多斯盆地和四川盆地等区块的天然气资源为主。根据新增的可采储量以及项目的投产情况，可预测 2030 年之前的常规气产量。初步预计到 2020 年、2025 年和 2030 年常规气产量将分别达到 1 750 亿 m^3、2 150 m^3 和 2 700 亿 m^3。

2）页岩气供应能力

2025 年之前是我国页岩气的技术储备和示范开发期，资源的增加仍以涪陵、长宁—威远、昭通三大区块为主，通过目前的技术发展和区块的开采情况预测页岩气产量。预计 2025 年之后我国页岩气开发将取得突破，全国上扬子及滇黔桂区、华北及东北区、中下扬子及东南区、西北区产量都将呈现快速增长，可采用采储比方法预测页岩气的产量。预计 2020 年、2025 年和 2030 年页岩气产量将达到 300 亿 m^3、500 亿 m^3 和 800 亿 m^3。

3）煤层气供应能力

煤层气由于产权等问题一直开发缓慢，2025 年之前以煤层气产量历史数据为基础，利用翁氏模型法对煤层气产量增长进行预测。2025 年之后，随着煤层气的勘探开发技术日趋成熟和开采成本降低，以及煤层气产权问题得以解决，煤层气开发会向规模化、产业化方向发展，利用龚帕兹法对煤层气产量增长进行分析。预计 2020 年煤层气产气能力有望达到 220 亿 m^3、2025 年产气能力达到 300 亿 m^3、2030 年达到 400 亿 m^3。

4）煤制气供应能力

当前煤制气行业已告别大发展时代，处于升级示范先行阶段。2025 年之前煤制气项目发展相对明确，主要是现有内蒙古、新疆相关煤制气项目，核准的新粤浙配套若干煤制气项目，前期工作的蒙西配套煤制气项目和部分省内煤制气项目的实施。2025 年之后考虑在新疆、内蒙古等地区内备案的煤制气实施可能性，预测煤制气的产量。预计到 2020 年，我国煤制天然气产能将达 200 亿 m^3，2025 年达 450 亿 m^3，2030 年达 750 亿 m^3。

（2）各来源天然气供应成本分析

1）常规气供应成本

目前川渝气田、长庆油田、青海油田和新疆油田等国产常规天然气的出厂价格为 1 元/m^3 左右，由于我国常规气勘探开发及生产技术比较成熟，而国产常规气的成本取决于国内勘探开发生产情况，因此，未来常规气出厂价格不会有大的变化。

2）煤层气供应成本

煤层气的成本取决于国内勘探开发生产情况，目前的出厂价格为 1.5～2 元/m^3，我国煤层气开发处于开发初期，生产等技术还有很大上升空间，未来煤层气生产成本可以控制在 1.3 元/m^3 以下。

3）页岩气供应成本

页岩气的成本取决于国内勘探开发生产情况，根据目前涪陵页岩气的报告，页岩气开发成本为 1.35 元/m^3 左右，单考虑成本，页岩气有价格竞争优势，且国家政策鼓励页岩气发展。未来随着技术的不断突破，我国页岩气生产成本将会大幅下降，预计未来页岩气成本控制在 1.2 元/m^3 以下。

4）煤制气供应成本

根据新疆煤制气项目的可行性研究报告，煤制气的出厂价为 1.8～2.1 元/m^3，其成本主要受生产技术和煤炭价格控制，预计未来下降空间较小。

通过与国内常规气、煤层气和煤制气比较可知，在供应量方面，页岩气比常规天然气供应量小，但高于煤层气和煤制气；在成本方面，常规天然气最低，煤制气最高，页岩气成本低于煤层气。且相比煤层气，页岩气为独立矿种，而煤层气矿权重叠严重。因此，从供应能力和成本方面来看，页岩气是非常规气中最具发展潜力的。